# SELECTIVIDAD MATEMÁTICAS APLICADAS A LAS CIENCIAS SOCIALES II

Ana Isabel Busto Caballero

*Este libro es una obra colectiva concebida, creada y coordinada por Anaya Educación.*

*En su realización han intervenido:*

**Autora**
Ana Isabel Busto Caballero

**Coordinación editorial**
Mercedes García-Prieto

**Edición**
César de la Prida
Carlos Vallejo
Vicente Vallejo

**Maquetación**
Toñi Font

**Corrección**
Miguel Ángel Alonso

**Diseño de cubierta**
Miguel Ángel Pacheco
Javier Serrano

# PRÓLOGO

A partir del año 2010, cambian las bases de la Prueba de Acceso a la Universidad (Selectividad). Esta constará de dos fases: la **fase general,** en la que, además de las pruebas comunes, se podrá elegir presentarse a una de las materias de modalidad que se hayan cursado, y la **fase específica,** de carácter voluntario, que permitirá mejorar la calificación obtenida en la fase general presentándose a cualesquiera del resto de las materias de modalidad de segundo de Bachillerato.

En lo que respecta a las pruebas de Matemáticas aplicadas a las Ciencias Sociales II, cabe destacar que, en los modelos de exámenes publicados hasta ahora, no se observan cambios que impliquen su preparación de forma diferente de como se ha estado haciendo en años anteriores.

No obstante, en este libro recogemos, en una primera parte, dos modelos de pruebas de **Selectividad** publicados, a modo de ejemplo, para la **convocatoria de 2010;** y, en una segunda parte, se proponen las pruebas de Matemáticas aplicadas a las Ciencias Sociales II correspondientes a la convocatoria de junio de 2009, para alumnos y alumnas de Bachillerato de los distintos distritos universitarios. En ambos casos, al principio de cada prueba se incluyen las instrucciones para realizarla tal y como aparecen en el examen original.

El objetivo de este libro no es solamente familiarizar al alumnado con el tipo de prueba que va a tener que realizar, sino, además, presentar una variada colección de problemas que le ayuden a completar el estudio de los diversos temas y que le permitan mejorar su técnica de exposición.

Los problemas y las cuestiones se han resuelto siguiendo una sucesión ordenada de pasos, indicándose, en primer lugar, el teorema o la propiedad aplicada, y procediéndose, después, a su desarrollo de una forma razonada y rigurosa. Se han omitido aquellos cálculos o pasos que deben ser sobradamente conocidos por los estudiantes, y solo en aquellos ejercicios en los que el procedimiento de resolución se ha considerado más complejo se ha introducido una explicación previa.

Los estudiantes que utilicen este libro podrán hacerlo de dos maneras:
- Elegir los problemas para el estudio diario de los diferentes temas, consultando el índice temático que aparece al final del libro.

- *Una vez finalizado el estudio de todo el temario, realizar pruebas completas que les servirán de ensayo para el examen al que habrán de enfrentarse. Conviene, en este caso, que intenten completar las pruebas en el tiempo estipulado.*

*En cualquiera de los dos casos, los estudiantes deberán haber adquirido previamente los conocimientos teóricos y las técnicas de cálculo necesarios para afrontar los problemas.*

*Por último, expondremos algunas recomendaciones que conviene tener en cuenta para la realización del examen:*

- *Leer despacio y atentamente los enunciados; si es necesario, más de una vez.*
- *Sopesar cuidadosamente lo que se sabe de cada enunciado, esbozando, si es preciso, algún cálculo antes de elegir la opción (es preferible gastar algún tiempo en esta elección antes que cambiar de opción cuando se haya consumido una buena parte del tiempo estipulado).*
- *Indicar al comienzo de cada ejercicio la propiedad o el teorema que se va a aplicar, y justificar los desarrollos numéricos de forma rigurosa y concisa (téngase en cuenta que el papel y el tiempo están limitados).*
- *Planificar el desarrollo de cada ejercicio para que la exposición resulte ordenada.*
- *Analizar críticamente los resultados numéricos, pues un resultado absurdo nos puede permitir, al repasar el ejercicio, detectar algún error.*
- *Repasar los ejercicios antes de entregar el examen.*
- *Cuidar la presentación y la letra.*

*La autora*

# SELECTIVIDAD MATEMÁTICAS APLICADAS A LAS CIENCIAS SOCIALES II

Modelos de 2010

# PRUEBA DE SELECTIVIDAD

## ACLARACIONES PREVIAS

*Duración: 1 hora y 30 minutos.*

*Elija una de las dos opciones propuestas y conteste los ejercicios de la opción elegida.*

*En cada ejercicio, parte o apartado se indica la puntuación máxima que le corresponde.*

*Se permitirá el uso de calculadoras que no sean programables, gráficas ni con capacidad para almacenar o transmitir datos.*

*Si obtiene resultados directamente con la calculadora, explique con detalle los pasos necesarios para su obtención sin su ayuda. Justifique las respuestas.*

### OPCIÓN A

**1**  Sean las matrices $A = \begin{pmatrix} 0 & 2 \\ 3 & 0 \end{pmatrix}$ y $B = \begin{pmatrix} a & b \\ 6 & 1 \end{pmatrix}$.

a) Calcule los valores de $a$ y $b$ para que $A \cdot B = B \cdot A$. (1,25 puntos)

b) Para $a = 1$ y $b = 0$, resuelva la ecuación matricial $X \cdot B - A = I_2$. (1,25 puntos)

**2**  Sea la función definida de la forma:

$$f(x) = \begin{cases} \dfrac{2x}{x-1} & \text{si } x < 2 \\ 2x^2 - 10x & \text{si } x \geq 2 \end{cases}$$

a) Halle el dominio de $f$. (0,5 puntos)

b) Estudie la derivabilidad de $f$ en $x = 2$. (1 punto)

c) Halle la ecuación de la recta tangente a la gráfica de $f$ en el punto de abscisa $x = 0$. (1 punto)

**3** a) Sean $A$ y $B$ dos sucesos de un mismo espacio muestral. Sabiendo que $P[A] = 0{,}5$, que $P[B] = 0{,}4$ y que $P[A \cup B] = 0{,}8$, determine $P[A / B]$. (1,25 puntos)

b) Sean $C$ y $D$ dos sucesos de un mismo espacio muestral. Sabiendo que $P[C] = 0{,}3$, que $P[D] = 0{,}8$ y que $C$ y $D$ son independientes, determine $P[C \cup D]$. (1,25 puntos)

**4** El número de días de permanencia de los enfermos en un hospital sigue una ley Normal de media $\mu$ días y desviación típica 3 días.

a) Determine un intervalo de confianza para estimar $\mu$, a un nivel del 97%, con una muestra aleatoria de 100 enfermos cuya media es 8,1 días. (1,25 puntos)

b) ¿Qué tamaño mínimo debe tener una muestra aleatoria para poder estimar $\mu$ con un error máximo de 1 día y un nivel de confianza del 92%? (1,25 puntos)

## OPCIÓN B

**1** a) Represente gráficamente la región determinada por las siguientes restricciones:

$$2x + y \leq 6; \quad 4x + y \leq 10; \quad -x + y \leq 3; \quad x \geq 0; \quad y \geq 0$$

y determine sus vértices. (1,5 puntos)

b) Calcule el máximo de la función $f(x, y) = 4x + 2y - 3$ en el recinto anterior e indique dónde se alcanza. (1 punto)

**2** Sea la función $f$ definida mediante:

$$f(x) = \begin{cases} x^2 + ax + b & \text{si } x < 1 \\ \ln(x) & \text{si } x \geq 1 \end{cases}$$

a) Determine $a$ y $b$ sabiendo que $f$ es continua y tiene un mínimo en $x = -1$. (1,5 puntos)

b) Para $a = -1$ y $b = 1$, estudie la derivabilidad de $f$ en $x = -1$ y en $x = 1$. (1 punto)

**3** Se sabe que el 30% de los individuos de una población tiene estudios superiores; también se sabe que, de ellos, el 95% tiene empleo. Además, de la parte de la población que no tiene estudios superiores, el 60% tiene empleo.

a) Calcule la probabilidad de que un individuo, elegido al azar, tenga empleo. (1 punto)

b) Se ha elegido un individuo aleatoriamente y tiene empleo; calcule la probabilidad de que tenga estudios superiores. (1,5 puntos)

**4** Sea la población $\{1, 2, 3, 4\}$.

a) Construya todas las muestras posibles de tamaño 2, mediante muestreo aleatorio simple. (1 punto)

b) Calcule la varianza de las medias muestrales. (1,5 puntos)

# SOLUCIÓN DE LA PRUEBA — Andalucía

## OPCIÓN A

**1** *Resolución*

a) $A \cdot B = B \cdot A \rightarrow \begin{pmatrix} 0 & 2 \\ 3 & 0 \end{pmatrix}\begin{pmatrix} a & b \\ 6 & 1 \end{pmatrix} = \begin{pmatrix} a & b \\ 6 & 1 \end{pmatrix}\begin{pmatrix} 0 & 2 \\ 3 & 0 \end{pmatrix} \rightarrow$

$\rightarrow \begin{pmatrix} 12 & 2 \\ 3a & 3b \end{pmatrix} = \begin{pmatrix} 3b & 2a \\ 3 & 12 \end{pmatrix}$

Igualando términos obtenemos:

$\begin{cases} 12 = 3b \rightarrow b = 4 \\ 2 = 2a \rightarrow a = 1 \\ 3a = 3 \\ 3b = 12 \end{cases}$

b) Si $a = 1$ y $b = 0 \rightarrow B = \begin{pmatrix} 1 & 0 \\ 6 & 1 \end{pmatrix}$

$X \cdot B - A = I \rightarrow X \cdot B = I + A \rightarrow X \cdot \underbrace{B \cdot B^{-1}}_{I} = (I + A) \cdot B^{-1} \rightarrow$

$\rightarrow X = (I + A) \cdot B^{-1}$

Calculamos $B^{-1}$:

$|B| = \begin{vmatrix} 1 & 0 \\ 6 & 1 \end{vmatrix} = 1$

$B_{11} = 1; \quad B_{12} = -6$

$B_{21} = 0; \quad B_{22} = 1$

$B^{-1} = \dfrac{[Adj\,(B)]^t}{|B|} = \begin{pmatrix} 1 & 0 \\ -6 & 1 \end{pmatrix}$

Por tanto:

$X = (I + A) \cdot B^{-1} = \left[\begin{pmatrix} 1 & 0 \\ 0 & 1 \end{pmatrix} + \begin{pmatrix} 0 & 2 \\ 3 & 0 \end{pmatrix}\right] \cdot \begin{pmatrix} 1 & 0 \\ -6 & 1 \end{pmatrix} =$

$= \begin{pmatrix} 1 & 2 \\ 3 & 1 \end{pmatrix}\begin{pmatrix} 1 & 0 \\ -6 & 1 \end{pmatrix} = \begin{pmatrix} -11 & 2 \\ -3 & 1 \end{pmatrix}$

**2** _Resolución_

a) $f(x) = \begin{cases} \dfrac{2x}{x-1} & \text{si } x < 2 \\ 2x^2 - 10x & \text{si } x \geq 2 \end{cases}$

La primera función parcial es un cociente de polinomios, por lo que debemos quitar del dominio el punto que anula el denominador, $x = 1$. La segunda función parcial es un polinomio, por lo que no presenta problemas de dominio en ningún punto. Por tanto, el dominio de $f(x)$ es $\mathbb{R} - \{1\}$.

b) Para que una función sea derivable en un punto ha de ser continua en él. Estudiemos, por tanto, la continuidad en $x = 2$:

$$\lim_{x \to 2^-} f(x) = \lim_{x \to 2} \frac{2x}{x-1} = 4$$

$$\lim_{x \to 2^+} f(x) = \lim_{x \to 2} (2x^2 - 10x) = -12$$

Como $\lim_{x \to 2^-} f(x) \neq \lim_{x \to 2^+} f(x)$, la función $f(x)$ no es continua en $x = 2$ y, por lo tanto, no es derivable en ese punto.

c) La pendiente de la recta tangente a una función en un punto es el valor de la derivada de la función en dicho punto. Por tanto, si llamamos $g(x) = \dfrac{2x}{x-1}$, tenemos que:

$$g'(x) = \frac{2(x-1) - 2x}{(x-1)^2} = \frac{-2}{(x-1)^2} \;\to\; g'(0) = f'(0) = -2 = m_0$$

El punto de tangencia es $(0, f(0)) = (0, 0)$. Por tanto, la ecuación de la recta tangente en $x = 0$, en forma punto-pendiente, es:

$$y - 0 = -2(x - 0) \;\to\; y = -2x$$

**3** _Resolución_

a) $P[A] = 0{,}5$; $P[B] = 0{,}4$; $P[A \cup B] = 0{,}8$

$$P[A/B] = \frac{P[A \cap B]}{P[B]}$$

Calculemos $P[A \cap B]$:

$$P[A \cup B] = P[A] + P[B] - P[A \cap B] \;\to\; 0{,}8 = 0{,}5 + 0{,}4 - P[A \cap B] \;\to$$

$$\to\; P[A \cap B] = 0{,}5 + 0{,}4 - 0{,}8 = 0{,}1$$

Por tanto: $P[A/B] = \dfrac{0{,}1}{0{,}4} = 0{,}25$

b) $P[C] = 0,3$; $P[D] = 0,8$

Como $C$ y $D$ son independientes:

$$P[C \cap D] = P[C] \cdot P[D] \rightarrow P[C \cap D] = 0,3 \cdot 0,8 = 0,24$$

Por tanto:

$$P[C \cup D] = P[C] + P[D] - P[C \cap D] = 0,3 + 0,8 - 0,24 = 0,86$$

### 4  Resolución

a) Los intervalos de confianza para la media tienen la forma:

$$\left( \bar{x} - z_{\alpha/2} \cdot \frac{\sigma}{\sqrt{n}} \; ; \; \bar{x} + z_{\alpha/2} \cdot \frac{\sigma}{\sqrt{n}} \right)$$

A una confianza del 97% le corresponde un $z_{\alpha/2} = 2,17$:

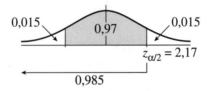

Sustituyendo los datos del problema obtenemos el intervalo de confianza pedido:

$$\left( 8,1 - 2,17 \cdot \frac{3}{\sqrt{100}} \; ; \; 8,1 + 2,17 \cdot \frac{3}{\sqrt{100}} \right) = (7,449; \, 8,751)$$

b) El error máximo admisible es $E = z_{\alpha/2} \cdot \frac{\sigma}{\sqrt{n}}$.

A un nivel de confianza del 92% le corresponde un $z_{\alpha/2} = 1,75$:

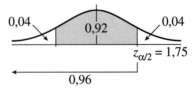

Sustituyendo estos valores en la expresión del error obtenemos:

$$1 = 1,75 \cdot \frac{3}{\sqrt{n}} \rightarrow \sqrt{n} = 5,25 \rightarrow n = 27,56$$

El tamaño de la muestra ha de ser, como mínimo, de 28 enfermos.

## OPCIÓN B

**1** *Resolución*

a) Restricciones:

$$\begin{cases} 2x + y \leq 6 & \rightarrow \ y \leq 6 - 2x \\ 4x + y \leq 10 & \rightarrow \ y \leq 10 - 4x \\ -x + y \leq 3 & \rightarrow \ y \leq 3 + x \\ x \geq 0 \\ y \geq 0 \end{cases}$$

La región pedida es la zona sombreada:

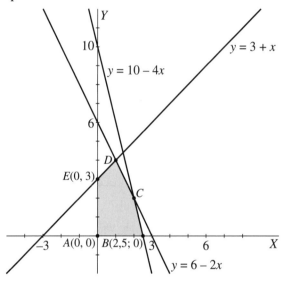

- Cálculo del vértice $C$:

$$\left.\begin{array}{r} y = 10 - 4x \\ y = 6 - 2x \end{array}\right\} \rightarrow 10 - 4x = 6 - 2x \rightarrow -2x = -4 \rightarrow x = 2 \rightarrow$$
$$\rightarrow C = (2, 2)$$

- Cálculo del vértice $D$:

$$\left.\begin{array}{r} y = 6 - 2x \\ y = 3 + x \end{array}\right\} \rightarrow 6 - 2x = 3 + x \rightarrow -3x = -3 \rightarrow x = 1 \rightarrow D = (1, 4)$$

Los vértices de la zona sombreada son $A = (0, 0)$, $B = (2,5; 0)$, $C = (2, 2)$, $D = (1, 4)$ y $E = (0, 3)$.

b) Para hallar el máximo de $f(x, y) = 4x + 2y - 3$ en el recinto sombreado sustituimos sus vértices en $f(x, y)$:

$$f(0, 0) = -3 \qquad f(2,5; 0) = 7$$
$$f(2, 2) = 9 \qquad f(1, 4) = 9$$
$$f(0, 3) = 3$$

El máximo de $f(x, y)$ en el recinto anterior es 9 y se alcanza en todos los puntos del segmento $\overline{CD}$.

**2** *Resolución*

$$f(x) = \begin{cases} x^2 + ax + b & \text{si } x < 1 \\ ln(x) & \text{si } x \geq 1 \end{cases}$$

a) Si $f(x)$ es continua en $x = 1 \to \lim_{x \to 1^-} f(x) = \lim_{x \to 1^+} f(x) = f(1)$.

$$\left. \begin{array}{l} \lim_{x \to 1^-} f(x) = \lim_{x \to 1} (x^2 + ax + b) = 1 + a + b \\ \lim_{x \to 1^+} f(x) = \lim_{x \to 1} ln(x) = 0 \end{array} \right\} \to 1 + a + b = 0 \quad (1)$$

Si $f(x)$ tiene un mínimo en $x = -1 \to f'(-1) = 0$. Por tanto, si llamamos $g(x) = x^2 + ax + b \to g'(x) = 2x + a$, se tiene que:

$$f'(-1) = g'(-1) = -2 + a = 0 \to a = 2$$

Sustituyendo en (1), obtenemos $b = -3$.

b) Si $a = -1$ y $b = 1 \to f(x) = \begin{cases} x^2 - x + 1 & \text{si } x < 1 \\ ln(x) & \text{si } x \geq 1 \end{cases}$

- En $x = -1$, $f(x)$ es derivable ya que es una función polinómica.
- En $x = 1$, $f(x)$ no es derivable por no ser continua en ese punto al no cumplir las condiciones del primer apartado.

**3** *Resolución*

Para resolver el problema utilizamos el siguiente diagrama en árbol:

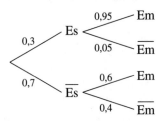

a) $P[\text{Em}] = 0{,}3 \cdot 0{,}95 + 0{,}7 \cdot 0{,}6 = 0{,}705$

b) $P[\text{Es/Em}] = \dfrac{P[\text{Es} \cap \text{Em}]}{P[\text{Em}]} = \dfrac{0{,}3 \cdot 0{,}95}{0{,}705} = 0{,}4$

**4** *Resolución*

a) Con la población {1, 2, 3, 4} las muestras posibles de tamaño 2 son:

$m_1 = (1, 2)$;  $m_2 = (1, 3)$;  $m_3 = (1, 4)$

$m_4 = (2, 3)$;  $m_5 = (2, 4)$;  $m_6 = (3, 4)$

b) Calculamos las medias muestrales de las muestras anteriores:

$$\bar{x}_1 = \frac{1+2}{2} = \frac{3}{2}; \quad \bar{x}_2 = \frac{1+3}{2} = 2; \quad \bar{x}_3 = \frac{1+4}{2} = \frac{5}{2}$$

$$\bar{x}_4 = \frac{2+3}{2} = \frac{5}{2}; \quad \bar{x}_5 = \frac{2+4}{2} = 3; \quad \bar{x}_6 = \frac{3+4}{2} = \frac{7}{2}$$

Hallamos la media de las medias muestrales:

$$\bar{x} = \frac{\bar{x}_1 + \bar{x}_2 + \dots + \bar{x}_6}{6} = \frac{\frac{3}{2} + 2 + \frac{5}{2} + \frac{5}{2} + 3 + \frac{7}{2}}{6} = \frac{15}{6} = \frac{5}{2}$$

La varianza de las medias muestrales es:

$$\sigma_{\bar{x}}^2 = \frac{\Sigma \bar{x}_i^2 f_i}{N} - \bar{x}^2 = \frac{\frac{9}{4} + 4 + \frac{25}{4} + \frac{25}{4} + 9 + \frac{49}{4}}{6} - \frac{25}{4} =$$

$$= \frac{40}{6} - \frac{25}{4} = \frac{5}{12} = 0{,}42$$

# PRUEBA DE SELECTIVIDAD

## ACLARACIONES PREVIAS

*El alumno deberá elegir una de las dos opciones A o B que figuran en el presente examen y contestar razonadamente a los cuatro ejercicios de que consta dicha opción. Para la realización de esta prueba puede utilizarse calculadora científica, siempre que no disponga de capacidad de representación gráfica o de cálculo simbólico.*

*La puntuación máxima de cada ejercicio se indica en el encabezamiento del mismo.*

*Tiempo: 90 minutos.*

## OPCIÓN A

**1** (Puntuación máxima: 3 puntos)

Se considera el siguiente sistema lineal de ecuaciones, dependiente del parámetro real $k$:

$$\begin{cases} x + ky + z = 1 \\ 2y + kz = 2 \\ x + y + z = 1 \end{cases}$$

a) Discútase el sistema para los diferentes valores de $k$.

b) Resuélvase el sistema en el caso en que tenga infinitas soluciones.

c) Resuélvase el sistema para $k = 3$.

**2** (Puntuación máxima: 3 puntos)

Se considera la curva de ecuación cartesiana $y = x^2$.

a) Calcúlense las coordenadas del punto en el que la recta tangente a la curva propuesta es paralela a la bisectriz del primer cuadrante.

b) Calcúlese el área del recinto plano acotado limitado por las gráficas de la curva propuesta, la recta tangente a dicha curva en el punto $P(1, 1)$ y el eje $OX$.

**3** (Puntuación máxima: 2 puntos)

Según cierto estudio, el 40% de los hogares europeos tiene contratado el acceso a Internet, el 33% tiene contratada la televisión por cable, y el 20% dispone de ambos servicios. Se selecciona al azar un hogar europeo.

a) ¿Cuál es la probabilidad de que solo tenga contratada la televisión por cable?

b) ¿Cuál es la probabilidad de que no tenga contratado ninguno de los dos servicios?

**4** (Puntuación máxima: 2 puntos)

Se supone que la duración de una bombilla fabricada por una cierta empresa se puede aproximar por una variable aleatoria con distribución normal de media 900 horas y desviación típica 80 horas. La empresa vende 1000 lotes de 100 bombillas cada uno. ¿En cuántos lotes puede esperarse que la duración media de las bombillas que componen el lote sobrepase 910 horas?

## OPCIÓN B

**1** (Puntuación máxima: 3 puntos)

Una empresa de instalaciones dispone de 195 kg de cobre, 20 kg de titanio y 14 kg de aluminio. Para fabricar 100 metros de cable de tipo A se necesitan 10 kg de cobre, 2 kg de titanio y 1 kg de aluminio. Para fabricar 100 metros de cable de tipo B se necesitan 15 kg de cobre, 1 kg de titanio y 1 kg de aluminio. El beneficio que obtiene la empresa por cada 100 metros de cable de tipo A fabricados es igual a 1500 euros, y por cada 100 metros de cable de tipo B es igual a 1000 euros. Calcúlense los metros de cable de cada tipo que han de fabricarse para maximizar el beneficio y determínese dicho beneficio máximo.

**2** (Puntuación máxima: 3 puntos)

Se considera la función real de variable real definida por:
$$f(x) = ax^3 + bx^2 + c \quad ; \quad a, b, c \in \mathbb{R}$$

a) ¿Qué valores deben tomar $a$, $b$ y $c$ para que la gráfica de $f$ pase por el punto $O(0,0)$ y además tenga un máximo relativo en el punto $P(1,2)$?

b) Para $a = 1$, $b = -2$, $c = 0$, determínense los puntos de corte de la gráfica de $f$ con los ejes de coordenadas.

c) Para $a = 1$, $b = -2$, $c = 0$, calcúlese el área del recinto plano acotado limitado por la gráfica de $f$ y el eje $OX$.

**3** (Puntuación máxima: 2 puntos)

Sean $A$ y $B$ dos sucesos aleatorios tales que:

$$P[A] = \frac{3}{4}; \quad P[B] = \frac{1}{2}; \quad P[\overline{A} \cap \overline{B}] = \frac{1}{20}$$

Calcúlese:

a) $P[A \cup B]$

b) $P[A \cap B]$

c) $P[\overline{A} / B]$

d) $P[\overline{B} / A]$

**4** (Puntuación máxima: 2 puntos)

La temperatura corporal de una especie de aves se puede aproximar mediante una variable aleatoria con distribución normal de media 40,5 °C y desviación típica 4,9 °C. Se elige una muestra aleatoria simple de 100 aves de esa especie. Sea $\overline{X}$ la media muestral de las temperaturas observadas.

a) ¿Cuáles son la media y la varianza de $\overline{X}$?

b) ¿Cuál es la probabilidad de que la temperatura media de dicha muestra esté comprendida entre 39,9 °C y 41,1 °C?

## SOLUCIÓN DE LA PRUEBA

Madrid

## OPCIÓN A

**1** *Resolución*

a) $\begin{cases} x + ky + z = 1 \\ 2y + kz = 2 \\ x + y + z = 1 \end{cases} \rightarrow M' = \begin{pmatrix} 1 & k & 1 & \vdots & 1 \\ 0 & 2 & k & \vdots & 2 \\ 1 & 1 & 1 & \vdots & 1 \end{pmatrix}$

$\underbrace{\qquad\qquad}_{M}$

$|M| = \begin{vmatrix} 1 & k & 1 \\ 0 & 2 & k \\ 1 & 1 & 1 \end{vmatrix} = k^2 - k = k(k-1) = 0 \begin{matrix} k = 0 \\ k = 1 \end{matrix}$

- Si $k \neq 0$ y $k \neq 1$ → $ran\,(M) = ran\,(M') = 3 =$ n.º de incógnitas.

  El sistema es compatible determinado.

- Si $k = 0$ → $M' = \begin{pmatrix} 1 & 0 & 1 & \vdots & 1 \\ 0 & 2 & 0 & \vdots & 2 \\ 1 & 1 & 1 & \vdots & 1 \end{pmatrix}$

  $\begin{vmatrix} 1 & 0 \\ 0 & 2 \end{vmatrix} \neq 0 \rightarrow ran\,(M) = 2$

  $\begin{vmatrix} 1 & 0 & 1 \\ 0 & 2 & 2 \\ 1 & 1 & 1 \end{vmatrix} \neq 0 \rightarrow ran\,(M') = 3$

  Como $ran\,(M) \neq ran\,(M')$, el sistema es incompatible.

- Si $k = 1$ → $M' = \begin{pmatrix} 1 & 1 & 1 & \vdots & 1 \\ 0 & 2 & 1 & \vdots & 2 \\ 1 & 1 & 1 & \vdots & 1 \end{pmatrix}$

  $\begin{vmatrix} 1 & 1 \\ 0 & 2 \end{vmatrix} \neq 0 \rightarrow ran\,(M) = 2$

  $\begin{vmatrix} 1 & 1 & 1 \\ 0 & 2 & 2 \\ 1 & 1 & 1 \end{vmatrix} = 0 \rightarrow ran\,(M') = 2$

  Como $ran\,(M') = ran\,(M) = 2 <$ n.º de incógnitas, el sistema es compatible indeterminado.

b) El sistema tiene infinitas soluciones para $k = 1$.

Como el rango es dos y $\begin{vmatrix} 1 & 1 \\ 0 & 2 \end{vmatrix} \neq 0$, eliminamos la tercera ecuación y pasamos $z$ al 2.º miembro como parámetro.

$$\begin{cases} x + y + z = 1 \\ 2y + z = 2 \end{cases} \rightarrow \begin{cases} x + y = 1 - z \\ 2y = 2 - z \end{cases}$$

Resolvemos por Cramer:

$$x = \frac{\begin{vmatrix} 1-z & 1 \\ 2-z & 2 \end{vmatrix}}{\begin{vmatrix} 1 & 1 \\ 0 & 2 \end{vmatrix}} = \frac{-z}{2}; \qquad y = \frac{\begin{vmatrix} 1 & 1-z \\ 0 & 2-z \end{vmatrix}}{-1} = \frac{2-z}{2} = 1 - \frac{z}{2}$$

Las soluciones son: $\begin{cases} x = -\dfrac{t}{2} \\ y = 1 - \dfrac{t}{2} \\ z = t \end{cases}$

c) Si $k = 3$, el sistema es compatible determinado.

$$\begin{cases} x + 3y + z = 1 \\ 2y + 3z = 2 \\ x + y + z = 1 \end{cases} \rightarrow \begin{cases} x + y + z = 1 \\ x + 3y + z = 1 \\ 2y + 3z = 2 \end{cases}$$

Resolvemos por el método de Gauss:

$$\begin{pmatrix} 1 & 1 & 1 & \vdots & 1 \\ 1 & 3 & 1 & \vdots & 1 \\ 0 & 2 & 3 & \vdots & 2 \end{pmatrix} \xrightarrow{f_2 - f_1} \begin{pmatrix} 1 & 1 & 1 & \vdots & 1 \\ 0 & 2 & 0 & \vdots & 0 \\ 0 & 2 & 3 & \vdots & 2 \end{pmatrix} \rightarrow 2y = 0 \rightarrow y = 0$$

Sustituyendo este valor en la 3.ª ecuación obtenemos:

$$2y + 3z = 2 \rightarrow 3z = 2 \rightarrow z = \frac{2}{3}$$

Sustituyendo los valores obtenidos en la 1.ª ecuación calculamos $x$:

$$x + y + z = 1 \rightarrow x + \frac{2}{3} = 1 \rightarrow x = \frac{1}{3}$$

**2** *Resolución*

a) $y = x^2$

La pendiente de la recta tangente a la función en $x_0$ es el valor de la derivada de la función en ese punto.

$$y' = 2x \rightarrow y'(x_0) = 2x_0 = m_{x_0}$$

La bisectriz del primer cuadrante es la recta $y = x$, cuya pendiente es 1.

Como la recta tangente buscada y la bisectriz son paralelas, entonces tienen la misma pendiente. Por tanto:

$$2x_0 = 1 \to x_0 = \frac{1}{2}$$

Así, el punto pedido es $\left(\dfrac{1}{2}, \dfrac{1}{4}\right)$.

b) La recta tangente en $(1, 1)$ tiene de pendiente $y'(1) = 2$. Por tanto, la ecuación de dicha tangente es:

$$y - 1 = 2(x - 1) \to y = 2x - 1$$

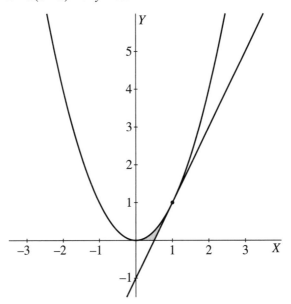

Hay que hallar el área de la zona sombreada.

$$A = \int_0^{1/2} x^2 \, dx + \int_{1/2}^1 [x^2 - (2x - 1)] \, dx =$$

$$= \int_0^{1/2} x^2 \, dx + \int_{1/2}^1 (x^2 - 2x + 1) \, dx = \left[\frac{x^3}{3}\right]_0^{1/2} + \left[\frac{x^3}{3} - x^2 + x\right]_{1/2}^1 =$$

$$= \frac{1}{24} + \left(\frac{1}{3} - 1 + 1\right) - \left(\frac{1}{24} - \frac{1}{4} + \frac{1}{2}\right) =$$

$$= \frac{1}{24} + \frac{1}{3} - \frac{1}{24} + \frac{1}{4} - \frac{1}{2} = \frac{1}{3} + \frac{1}{4} - \frac{1}{2} = \frac{1}{12} = 0{,}08 \text{ u}^2$$

### 3 *Resolución*

$P[I] = 0{,}4; \quad P[TC] = 0{,}33; \quad P[I \cap TC] = 0{,}2$

a)

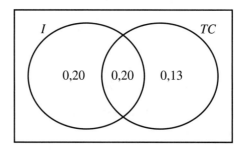

$P[TC - I] = 0{,}33 - 0{,}2 = 0{,}13$

b)

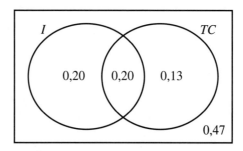

$P[\overline{I \cup TC}] = 1 - P[I \cup TC] = 1 - (P[I] + P[TC] - P[I \cap TC]) =$
$= 1 - (0{,}40 + 0{,}33 - 0{,}20) = 1 - 0{,}53 = 0{,}47$

### 4 *Resolución*

La duración de una bombilla sigue una distribución $x = N(900, 80)$. Por tanto, la duración media de 100 bombillas seguirá una distribución

$\bar{x} = N\left(\mu, \dfrac{\sigma}{\sqrt{n}}\right) = N\left(900, \dfrac{80}{\sqrt{100}}\right) = N(900, 8)$. Así:

$$P[\bar{x} > 910] = P\left[\dfrac{\bar{x} - 900}{8} > \dfrac{910 - 900}{8}\right] = P[z > 1{,}25] =$$
$$= 1 - \Phi(1{,}25) = 1 - 0{,}8944 = 0{,}1056$$

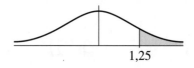

Luego la probabilidad de que la duración media de las bombillas de un lote sobrepase las 910 horas es 0,1056.

Como la empresa vende 1 000 lotes: $1\,000 \cdot 0{,}1056 = 105{,}6$

Por tanto, puede esperarse que en 106 lotes, la vida media de las bombillas supere las 910 horas.

## OPCIÓN B

**1** *Resolución*

Se trata de un problema de programación lineal.

|  | A | B | DISPONIBLE |
|---|---|---|---|
| COBRE | 10 | 15 | 195 |
| TITANIO | 2 | 1 | 20 |
| ALUMINIO | 1 | 1 | 14 |
| BENEFICIO | 1 500 | 1 000 |  |

$x$ = n.º de cientos de metros de cable del tipo A

$y$ = n.º de cientos de metros de cable del tipo B

Restricciones:

$$\begin{cases} 10x + 15y \leq 195 \rightarrow y \leq \dfrac{195 - 10x}{15} \rightarrow y \leq \dfrac{39 - 2x}{3} \\ 2x + y \leq 20 \rightarrow y \leq 20 - 2x \\ x + y \leq 14 \rightarrow y \leq 14 - x \\ x \geq 0 \\ y \geq 0 \end{cases}$$

La región factible será la zona sombreada:

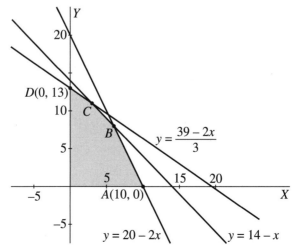

- Cálculo del vértice $B$:

$$\left. \begin{array}{l} y = 20 - 2x \\ y = 14 - x \end{array} \right\} \to 20 - 2x = 14 - x \to -2x + x = 14 - 20 \to x = 6 \to$$
$$\to B = (6, 8)$$

- Cálculo del vértice $C$:

$$\left. \begin{array}{l} y = 14 - x \\ y = \dfrac{39 - 2x}{3} \end{array} \right\} \to 14 - x = \dfrac{39 - 2x}{3} \to 42 - 3x = 39 - 2x \to$$
$$\to -3x + 2x = 39 - 42 \to x = 3 \to C = (3, 11)$$

La función objetivo a maximizar es $F(x, y) = 1\,500x + 1\,000y$.

Para hallar el máximo sustituimos los vértices de la región factible en la función objetivo:

$F(10, 0) = 15\,000$

$F(6, 8) = 17\,000$

$F(3, 11) = 15\,500$

$F(0, 13) = 13\,000$

El beneficio máximo asciende a 17 000 euros y se obtiene fabricando 600 metros de cable tipo A y 800 metros de cable tipo B.

**2** *Resolución*

a) $f(x) = ax^3 + bx^2 + c;$   $a, b, c \in \mathbb{R}$

- Si la gráfica de $f(x)$ pasa por $(0, 0)$:

$$f(0) = 0 \to c = 0 \to f(x) = ax^3 + bx^2$$

- Si existe un máximo relativo en $(1, 2)$:

$$f'(x) = 3ax^2 + 2bx \to f'(1) = 3a + 2b = 0 \quad (1)$$

- Si la gráfica de $f(x)$ pasa por $(1, 2)$:

$$f(1) = a + b = 2 \to a = 2 - b$$

Sustituyendo esta expresión de $a$ en (1) obtenemos:

$$3(2 - b) + 2b = 0 \to 6 - 3b + 2b = 0 \to b = 6$$

Y sustituyendo en la expresión de $a$:

$$a = 2 - b \to a = -4$$

Por tanto:

$$f(x) = -4x^3 + 6x^2$$

b) $f(x) = x^3 - 2x^2 = x^2(x-2)$

- Cortes con el eje $OX$:

$$y = 0 \to x^2(x-2) = 0 \begin{cases} x = 0 \to (0,0) \\ x = 2 \to (2,0) \end{cases}$$

- Corte con el eje $OY$:

$$x = 0 \to (0,0)$$

c) $f(x) = x^3 - 2x^2$

Hay que hallar el área de la zona sombreada:

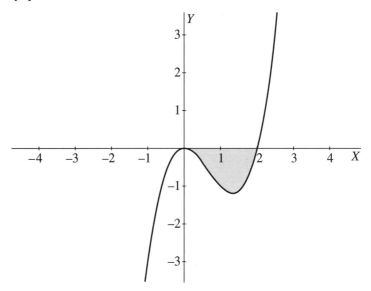

$$A = \left| \int_0^2 (x^3 - 2x^2)\, dx \right| = \left| \left[ \frac{x^4}{4} - \frac{2x^3}{3} \right]_0^2 \right| = \left| 4 - \frac{16}{3} \right| = \frac{4}{3} = 1,33 \text{ u}^2$$

### 3. Resolución

$P[A] = \dfrac{3}{4}$; $P[B] = \dfrac{1}{2}$; $P[\overline{A} \cap \overline{B}] = \dfrac{1}{20}$

a) $P[\overline{A \cup B}] = P[\overline{A} \cap \overline{B}] = \dfrac{1}{20}$

$$P[A \cup B] = 1 - P[\overline{A \cup B}] = 1 - \frac{1}{20} = \frac{19}{20}$$

b) $P[A \cup B] = P[A] + P[B] - P[A \cap B] \to \dfrac{19}{20} = \dfrac{3}{4} + \dfrac{1}{2} - P[A \cap B] \to$

$\to P[A \cap B] = \dfrac{3}{4} + \dfrac{1}{2} - \dfrac{19}{20} = \dfrac{6}{20} = \dfrac{3}{10}$

c) $P[\overline{A}/B] = \dfrac{P[\overline{A} \cap B]}{P[B]} = \dfrac{P[B-A]}{P[B]} = \dfrac{P[B] - P[A \cap B]}{P[B]} =$

$= \dfrac{\dfrac{1}{2} - \dfrac{3}{10}}{\dfrac{1}{2}} = \dfrac{\dfrac{2}{10}}{\dfrac{1}{2}} = \dfrac{4}{10} = \dfrac{2}{5}$

d) $P[\overline{B}/A] = \dfrac{P[\overline{B} \cap A]}{P[A]} = \dfrac{P[A-B]}{P[A]} = \dfrac{P[A] - P[A \cap B]}{P[A]} =$

$= \dfrac{\dfrac{3}{4} - \dfrac{3}{10}}{\dfrac{3}{4}} = \dfrac{\dfrac{9}{20}}{\dfrac{3}{4}} = \dfrac{3}{5}$

**4** *Resolución*

a) Como $x = N(40{,}5;\ 4{,}9) \to$

$$\to \overline{x} = N\left(\mu, \dfrac{\sigma}{\sqrt{n}}\right) = N\left(40{,}5;\ \dfrac{4{,}9}{\sqrt{100}}\right) = N(40{,}5;\ 0{,}49)$$

La media de $\overline{x}$ es, por tanto, 40,5 ºC y la varianza es $(0{,}49)^2 = 0{,}24$.

b) $P[39{,}9 < \overline{x} < 41{,}1] = P\left[\dfrac{39{,}9 - 40{,}5}{0{,}49} < z < \dfrac{41{,}1 - 40{,}5}{0{,}49}\right] =$

$= P[-1{,}22 < z < 1{,}22] = \Phi(1{,}22) - [1 - \Phi(1{,}22)] = 2\,\Phi(1{,}22) - 1 =$

$= 2 \cdot 0{,}8888 - 1 = 0{,}7776$

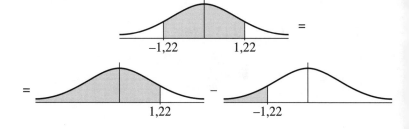

# SELECTIVIDAD MATEMÁTICAS APLICADAS A LAS CIENCIAS SOCIALES II

Pruebas de 2009

# PRUEBA DE SELECTIVIDAD

## ACLARACIONES PREVIAS

*Duración: 1 hora y 30 minutos.*

*Elija una de las dos opciones propuestas y conteste los ejercicios de la opción elegida.*

*En cada ejercicio, parte o apartado se indica la puntuación máxima que le corresponde.*

*Se permitirá el uso de calculadoras que no sean programables, gráficas ni con capacidad para almacenar o transmitir datos.*

*Si obtiene resultados directamente con la calculadora, explique con detalle los pasos necesarios para su obtención sin su ayuda. Justifique las respuestas.*

### OPCIÓN A

**1** Sea la igualdad $A \cdot X + B = A$, donde $A$, $X$ y $B$ son matrices cuadradas de la misma dimensión.

a) Despeje la matriz $X$ en la igualdad anterior, sabiendo que $A$ tiene inversa. (1 punto)

b) Obtenga la matriz $X$ en la igualdad anterior, siendo $A = \begin{pmatrix} 2 & 5 \\ 1 & 3 \end{pmatrix}$ y $B = \begin{pmatrix} 0 & -3 \\ -1 & 2 \end{pmatrix}$. (2 puntos)

**2** Sea la función $f(x) = \begin{cases} x^2 + x & \text{si } x < 0 \\ \dfrac{x}{x+1} & \text{si } x \geq 0 \end{cases}$.

a) Analice la continuidad y la derivabilidad de la función en su dominio. (2 puntos)

b) Determine la asíntota horizontal, si la tiene. (0,5 puntos)

c) Determine la asíntota vertical, si la tiene. (0,5 puntos)

## 3 Parte I

Un turista que realiza un crucero tiene un 50% de probabilidad de visitar Cádiz, un 40% de visitar Sevilla y un 30% de visitar ambas ciudades. Calcule la probabilidad de que:

a) Visite al menos una de las dos ciudades. (0,5 puntos)

b) Visite únicamente una de las dos ciudades. (0,5 puntos)

c) Visite Cádiz pero no visite Sevilla. (0,5 puntos)

d) Visite Sevilla, sabiendo que ha visitado Cádiz. (0,5 puntos)

## Parte II

El tiempo (en horas) que permanecen los coches en un determinado taller de reparación es una variable con distribución Normal de desviación típica 4 horas.

a) Se eligieron, al azar, 16 coches del taller y se comprobó que, entre todos, estuvieron 136 horas en reparación. Determine un intervalo de confianza, al 98,5%, para la media del tiempo que permanecen los coches en ese taller. (1 punto)

b) Determine el tamaño mínimo que debe tener una muestra que permita estimar la media del tiempo que permanecen en reparación los coches en ese taller con un error en la estimación no superior a una hora y media y con el mismo nivel de confianza del apartado anterior.

(1 punto)

## OPCIÓN B

1  a) Dibuje el recinto definido por las siguientes restricciones:

$x + y \geq 2$, $x - y \leq 0$, $y \leq 4$, $x \geq 0$ (1,5 puntos)

b) Determine el máximo y el mínimo de la función $F(x, y) = x + y$ en el recinto anterior y los puntos donde se alcanzan. (1 punto)

c) ¿Pertenece el punto $\left(\dfrac{1}{3}, \dfrac{4}{3}\right)$ al recinto anterior? Justifique la respuesta. (0,5 puntos)

## 2

Un estudio acerca de la presencia de gases contaminantes en la atmósfera de una ciudad indica que el nivel de contaminación viene dado por la función:

$$C(t) = -0{,}2t^2 + 4t + 25, \quad 0 \leq t \leq 25$$

($t$ = años transcurridos desde el año 2000)

a) ¿En qué año se alcanzará un máximo en el nivel de contaminación?
(1 punto)

b) ¿En qué año se alcanzará el nivel de contaminación cero? (1 punto)

c) Calcule la pendiente de la recta tangente a la gráfica de la función $C(t)$ en $t = 8$. Interprete el resultado anterior relacionándolo con el crecimiento o decrecimiento. (1 punto)

## 3

**Parte I**

En un centro escolar, los alumnos de 2.º de Bachillerato pueden cursar, como asignaturas optativas, Estadística o Diseño Asistido por Ordenador (DAO). El 70% de los alumnos estudia Estadística y el resto DAO. Además, el 60% de los alumnos que estudia Estadística son mujeres y, de los alumnos que estudian DAO, son hombres el 70%.

a) Elegido un alumno al azar, ¿cuál es la probabilidad de que sea hombre? (1 punto)

b) Sabiendo que se ha seleccionado una mujer, ¿cuál es la probabilidad de que estudie Estadística? (1 punto)

**Parte II**

Es un estudio de mercado del automóvil en una ciudad se ha tomado una muestra aleatoria de 300 turismos, y se ha encontrado que 75 de ellos tienen motor diésel. Para un nivel de confianza del 94%:

a) Determine un intervalo de confianza de la proporción de turismos que tienen motor diésel en esa ciudad. (1,5 puntos)

b) ¿Cuál es el error máximo de la estimación de la proporción?
(0,5 puntos)

*Andalucía. Junio, 2009*

# SOLUCIÓN DE LA PRUEBA — Andalucía

## OPCIÓN A

**1** *Resolución*

a) $AX + B = A \rightarrow AX = A - B \rightarrow \underbrace{A^{-1}A}_{I} X = A^{-1}(A - B) \rightarrow$

$\rightarrow X = A^{-1}A - A^{-1}B \rightarrow X = I - A^{-1}B$

b) $A = \begin{pmatrix} 2 & 5 \\ 1 & 3 \end{pmatrix}$, $B = \begin{pmatrix} 0 & -3 \\ -1 & 2 \end{pmatrix}$, $|A| = 1$

$A_{11} = 3;\ A_{12} = -1$
$A_{21} = -5;\ A_{22} = 2$

$A^{-1} = \dfrac{[Adj\,(A)]^t}{|A|} = \begin{pmatrix} 3 & -5 \\ -1 & 2 \end{pmatrix}$

$A^{-1} \cdot B = \begin{pmatrix} 3 & -5 \\ -1 & 2 \end{pmatrix}\begin{pmatrix} 0 & -3 \\ -1 & 2 \end{pmatrix} = \begin{pmatrix} 5 & -19 \\ -2 & 7 \end{pmatrix}$

$X = I - A^{-1}B = \begin{pmatrix} 1 & 0 \\ 0 & 1 \end{pmatrix} - \begin{pmatrix} 5 & -19 \\ -2 & 7 \end{pmatrix} = \begin{pmatrix} -4 & 19 \\ 2 & -6 \end{pmatrix}$

**2** *Resolución*

a) • $f(x) = \begin{cases} x^2 + x & \text{si } x < 0 \\ \dfrac{x}{x+1} & \text{si } x \geq 0 \end{cases}$

Las funciones parciales que forman $f(x)$ son continuas en el intervalo en que están derivadas. Estudiamos la continuidad en $x = 0$:

$\lim\limits_{x \to 0^-} f(x) = \lim\limits_{x \to 0} (x^2 + x) = 0$

$\lim\limits_{x \to 0^+} f(x) = \lim\limits_{x \to 0} \dfrac{x}{x+1} = 0$

Como $\lim\limits_{x \to 0^-} f(x) = \lim\limits_{x \to 0^+} f(x) = f(0)$, la función $f(x)$ es continua en $x = 0$. Por tanto, $f(x)$ es continua en todo $\mathbb{R}$.

- $f'(x) = \begin{cases} 2x + 1 & \text{si } x < 0 \\ \dfrac{1}{(x+1)^2} & \text{si } x > 0 \end{cases}$

Como $f'(0^-) = 1 = f'(0^+)$, la función $f(x)$ es derivable en todo $\mathbb{R}$ y

$$f'(x) = \begin{cases} 2x + 1 & \text{si } x < 0 \\ \dfrac{1}{(x+1)^2} & \text{si } x \geq 0 \end{cases}.$$

b) $\lim\limits_{x \to \infty} f(x) = \lim\limits_{x \to \infty} \dfrac{x}{x+1} = 1$

La recta $y = 1$ es una asíntota horizontal cuando $x$ tiende a $+\infty$.

c) $f(x)$ es continua en todo $\mathbb{R}$, luego no tiene asíntotas verticales.

## 3 Resolución

**Parte I**

Para resolver el problema utilizamos el siguiente diagrama:

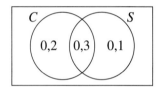

a) $P[C \cup S] = P[C] + P[S] - P[C \cap S] = 0{,}5 + 0{,}4 - 0{,}3 = 0{,}6$

b) $P[C \cap \overline{S}] + P[S \cap \overline{C}] = 0{,}2 + 0{,}1 = 0{,}3$

c) $P[C \cap \overline{S}] = 0{,}2$

d) $P[S/C] = \dfrac{P[S \cap C]}{P[C]} = \dfrac{0{,}3}{0{,}5} = \dfrac{3}{5} = 0{,}6$

**Parte II**

a) Los intervalos de confianza para la media tienen la forma:

$$\left( \bar{x} - z_{\alpha/2} \cdot \dfrac{\sigma}{\sqrt{n}},\ \bar{x} + z_{\alpha/2} \cdot \dfrac{\sigma}{\sqrt{n}} \right)$$

A una confianza del 98,5% le corresponde un $z_{\alpha/2} = 2{,}43$:

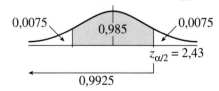

Como entre los 16 coches del taller estuvieron 136 horas de reparación, $\bar{x} = \dfrac{136}{16} = 8{,}5$ horas.

Sustituyendo los datos obtenemos el intervalo pedido:

$$\left(8,5 - 2,43 \cdot \frac{4}{\sqrt{16}};\ 8,5 + 2,43 \cdot \frac{4}{\sqrt{16}}\right) = (6,07;\ 10,93)$$

b) El error máximo admisible es $E = z_{\alpha/2} \cdot \dfrac{\sigma}{\sqrt{n}}$. Así:

$$1,5 = 2,43 \cdot \frac{4}{\sqrt{n}} \rightarrow \sqrt{n} = \frac{2,43 \cdot 4}{1,5} = 6,48 \rightarrow n = 41,99$$

La muestra debe tener, como mínimo, un tamaño de 42 coches.

## OPCIÓN B

**1** *Resolución*

a) Las restricciones son:

$$\begin{cases} x + y \geq 2 & \rightarrow\ y \geq 2 - x \\ x - y \leq 0 & \rightarrow\ -y \leq -x\ \rightarrow\ y \geq x \\ y \leq 4 \\ x \geq 0 \end{cases}$$

Por tanto, el recinto pedido es la zona sombreada:

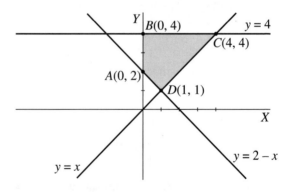

b) El máximo y el mínimo de $F(x, y) = x + y$ se alcanzan en uno de los vértices del recinto.

$F(A) = F(0, 2) = 2$ $\quad F(B) = F(0, 4) = 4$

$F(C) = F(4, 4) = 8$ $\quad F(D) = F(1, 1) = 2$

El máximo de $F(x, y)$ en el recinto es 8 y se alcanza en el punto (4, 4).

El mínimo de $F(x, y)$ en el recinto es 2 y se alcanza en todos los puntos del segmento $AD$.

c) $\left(\dfrac{1}{3}, \dfrac{4}{3}\right)$ no pertenece al recinto anterior, ya que no cumple la primera desigualdad:

$$\dfrac{1}{3} + \dfrac{4}{3} = \dfrac{5}{3} \not\geq 2$$

**2** *Resolución*

a) $C(t) = -0{,}2t^2 + 4t + 25$, $0 \leq t \leq 25$

Para hallar el máximo derivamos e igualamos a cero:

$$C'(t) = -0{,}4t + 4 = 0 \;\rightarrow\; t = \dfrac{4}{0{,}4} = 10 \text{ años desde 2000}$$

Un máximo en el nivel de contaminación se alcanzará en el año 2010.

b) $-0{,}2t^2 + 4t + 25 = 0$

$$t = \dfrac{-4 \pm \sqrt{16 - 4 \cdot (-0{,}2) \cdot 25}}{-0{,}4} = \dfrac{-4 \pm 6}{-0{,}4} \begin{array}{l} t = -5, \text{ no válida} \\ t = 25 \text{ años} \end{array}$$

El nivel de contaminación cero se alcanzará en el año 2025.

c) La pendiente de la recta tangente es la derivada:

$$C'(8) = 0{,}8 > 0$$

En el año 2008, la contaminación aumenta.

**3** *Resolución*

**Parte I**

Para resolver el problema utilizamos el siguiente diagrama en árbol:

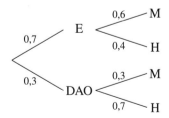

a) $P[H] = 0{,}7 \cdot 0{,}4 + 0{,}3 \cdot 0{,}7 = 0{,}49$

b) $P[E/M] = \dfrac{0{,}7 \cdot 0{,}6}{0{,}7 \cdot 0{,}6 + 0{,}3 \cdot 0{,}3} = \dfrac{0{,}42}{0{,}51} = 0{,}82$

**Parte II**

a) Los intervalos de confianza para la proporción tienen la forma:

$$\left(p_r - z_{\alpha/2} \cdot \sqrt{\frac{p_r q_r}{n}},\ p_r + z_{\alpha/2} \cdot \sqrt{\frac{p_r q_r}{n}}\right)$$

A un nivel de confianza del 94% le corresponde un $z_{\alpha/2} = 1{,}88$:

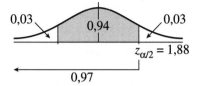

La proporción muestral es $p_r = \dfrac{75}{300} = \dfrac{1}{4} = 0{,}25$.

Sustituyendo los datos obtenemos el intervalo pedido:

$$\left(0{,}25 - 1{,}88 \cdot \sqrt{\frac{0{,}25 \cdot 0{,}75}{300}};\ 0{,}25 + 1{,}88 \cdot \sqrt{\frac{0{,}25 \cdot 0{,}75}{300}}\right) =$$
$$= (0{,}203;\ 0{,}297)$$

b) El error máximo es $E = z_{\alpha/2} \cdot \sqrt{\dfrac{p_r q_r}{n}}$. Es decir:

$$E = 1{,}88 \cdot \sqrt{\frac{0{,}25 \cdot 0{,}75}{300}} = 0{,}047$$

# PRUEBA DE SELECTIVIDAD

## ACLARACIONES PREVIAS

*El examen consta de 3 bloques. Cada bloque tiene dos opciones: A y B. El alumno ha de resolver los tres bloques, eligiendo en cada bloque solo una de las dos opciones. Cada bloque que resuelva lo identificará según los ejemplos: si resuelve del bloque 3 la opción B, la parte correspondiente a este ejercicio estará encabezada por la siguiente expresión: bloque 3-B; si resuelve del bloque 1 la opción A, la parte correspondiente a este ejercicio estará encabezada por la siguiente expresión: bloque 1-A. El orden de resolución de los bloques es a elección del alumno. El primer y segundo bloque se valorarán hasta 3,5 y el tercero hasta 3.*

### BLOQUE 1 (3,5 puntos)

**1.A** Analizar la existencia de solución del siguiente sistema, según los valores del parámetro $a$.

$$\begin{cases} 2x + 2y - z = 3 \\ 2x + 4y + z = 5 \\ 2x + 2y + (a^2 - 10)z = a \end{cases}$$

**1.B** Maximizar la función $5x - 3y$ con las siguientes restricciones:

$$\begin{cases} x + 3y \geq 4 \\ 2x + y \leq 4 \\ 0 \leq x \leq 2 \\ 0 \leq y \leq 3 \end{cases}$$

### BLOQUE 2 (3,5 puntos)

**2.A** Dada la función $y = \dfrac{x^2}{x^2 - 4}$, obtener:

a) El dominio de definición y los puntos de corte con los ejes.

b) Los intervalos de crecimiento y decrecimiento y sus máximos y mínimos.

c) Las asíntotas.

d) Con la información obtenida en los anteriores apartados, representar gráficamente la función.

e) El área encerrada por la gráfica de la función, el eje $OX$ y las rectas $x = 0$ y $x = 1$.

**2.B** Una agencia organiza un viaje para el que ya se han inscrito 25 personas. Ha contratado un avión por 3 000 euros y además debe asumir unos gastos por persona de 450 euros. Cada viajero debe pagar 1 500 euros. La agencia propone la siguiente oferta: por cada nuevo pasajero inscrito, rebajará en 6 euros el precio del viaje. ¿Cuál será el número óptimo de viajeros que maximice los beneficios? ¿A cuánto ascienden esos máximos beneficios?

## BLOQUE 3 (3 puntos)

**3.A** Juan planea un viaje para el último fin de semana de junio, eligiendo al azar una de las tres ciudades turísticas que tiene pensado conocer durante el verano. Sin embargo, se pronostica tiempo lluvioso durante esos días. En concreto, las probabilidades de lluvia durante ese fin de semana son de 3/5, 2/7 y 1/4 en las ciudades A, B y C, respectivamente.

a) ¿Cuál es la probabilidad de que no llueva durante su visita?

b) ¿Cuál es la probabilidad de que la ciudad escogida sea B y no llueva durante su visita?

c) Juan ha sufrido un fin de semana pasado por agua. ¿Cuál es la probabilidad de que haya ido a la ciudad C?

**3.B** El Centro de Idiomas de la Universidad de Cantabria realiza un examen de inglés a todos los alumnos de nuevo ingreso. La nota obtenida sigue una distribución normal con desviación típica 1,5. A partir de una muestra de tamaño 200 se ha obtenido una media de 5,1.

a) Obtener el intervalo de confianza del 95% para la nota obtenida en la prueba.

b) ¿Qué tamaño mínimo debe tener la muestra que permita estimar la media con un nivel de confianza del 99% pero con un error que sea la tercera parte del obtenido en el apartado anterior?

*Cantabria. Junio, 2009*

# SOLUCIÓN DE LA PRUEBA

Cantabria

## BLOQUE 1

**1.A** *Resolución*

$$\begin{cases} 2x + 2y - z = 3 \\ 2x + 4y + z = 5 \\ 2x + 2y + (a^2 - 10)z = a \end{cases} \rightarrow M' = \begin{pmatrix} 2 & 2 & -1 & \vdots & 3 \\ 2 & 4 & 1 & \vdots & 5 \\ 2 & 2 & a^2 - 10 & \vdots & a \end{pmatrix}$$

$$|M| = \begin{vmatrix} 2 & 2 & -1 \\ 2 & 4 & 1 \\ 2 & 2 & a^2 - 10 \end{vmatrix} = 4a^2 - 36 = 0 \rightarrow a^2 = 9 \rightarrow a = \pm 3$$

- Si $a \neq \pm 3 \rightarrow ran(M) = ran(M') = 3 = $ n.º de incógnitas. El sistema es compatible determinado.

- Si $a = 3 \rightarrow M' = \begin{pmatrix} 2 & 2 & -1 & \vdots & 3 \\ 2 & 4 & 1 & \vdots & 5 \\ 2 & 2 & -1 & \vdots & 3 \end{pmatrix}$

$$\begin{vmatrix} 2 & 2 \\ 2 & 4 \end{vmatrix} \neq 0 \rightarrow ran(M) = 2$$

$$\begin{vmatrix} 2 & 2 & 3 \\ 2 & 4 & 5 \\ 2 & 2 & 3 \end{vmatrix} = 0 \rightarrow ran(M') = 2$$

Por tanto, $ran(M) = ran(M') = 2 < $ n.º de incógnitas. El sistema es compatible indeterminado.

- Si $a = -3 \rightarrow M' = \begin{pmatrix} 2 & 2 & -1 & \vdots & 3 \\ 2 & 4 & 1 & \vdots & 5 \\ 2 & 2 & -1 & \vdots & -3 \end{pmatrix}$

$$\begin{vmatrix} 2 & 2 \\ 2 & 4 \end{vmatrix} \neq 0 \rightarrow ran(M) = 2$$

$$\begin{vmatrix} 2 & 2 & 3 \\ 2 & 4 & 5 \\ 2 & 2 & -3 \end{vmatrix} \neq 0 \rightarrow ran(M') = 3$$

Como $ran(M) \neq ran(M')$, el sistema es incompatible.

## 1.B Resolución

$$\begin{cases} x + 3y \geq 4 \rightarrow y \geq \dfrac{4-x}{3} \\ 2x + y \leq 4 \rightarrow y \leq 4 - 2x \\ 0 \leq x \leq 2 \\ 0 \leq y \leq 3 \end{cases}$$

La región factible es la zona sombreada:

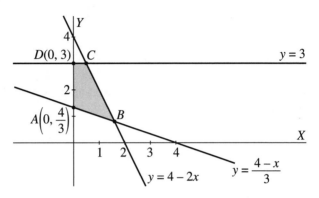

- Cálculo del vértice $B$:

$$\left. \begin{array}{l} y = \dfrac{4-x}{3} \\ y = 4 - 2x \end{array} \right\} \rightarrow \dfrac{4-x}{3} = 4 - 2x \rightarrow 4 - x = 12 - 6x \rightarrow 5x = 8 \rightarrow$$
$$\rightarrow x = \dfrac{8}{5} \rightarrow B = \left(\dfrac{8}{5}, \dfrac{4}{5}\right)$$

- Cálculo del vértice $C$:

$$\left. \begin{array}{l} y = 4 - 2x \\ y = 3 \end{array} \right\} \rightarrow 4 - 2x = 3 \rightarrow 2x = 1 \rightarrow x = \dfrac{1}{2} \rightarrow C = \left(\dfrac{1}{2}, 3\right)$$

Para hallar el máximo, sustituimos los vértices de la región factible en la función objetivo $F(x, y) = 5x - 3y$:

$$F\left(0, \dfrac{4}{3}\right) = -4 \qquad F\left(\dfrac{8}{5}, \dfrac{4}{5}\right) = \dfrac{28}{5}$$

$$F\left(\dfrac{1}{2}, 3\right) = -\dfrac{13}{2} \qquad F(0, 3) = -9$$

El máximo se alcanza en $\left(\dfrac{8}{5}, \dfrac{4}{5}\right)$ y vale $\dfrac{28}{5}$.

# BLOQUE 2

**2.A** *Resolución*

$$y = \frac{x^2}{x^2 - 4}$$

a) El dominio es $\mathbb{R} - \{\pm 2\}$ ya que $x = \pm 2$ son los únicos valores que anulan el denominador.

- Corte con el eje $X$: $y = 0 \rightarrow \dfrac{x^2}{x^2-4} = 0 \rightarrow x^2 = 0 \rightarrow (0, 0)$
- Corte con el eje $Y$: $x = 0 \rightarrow (0, 0)$

b) $y' = \dfrac{2x(x^2-4) - x^2(2x)}{(x^2-4)^2} = \dfrac{-8x}{(x^2-4)^2} = 0 \rightarrow -8x = 0 \rightarrow x = 0$

```
y'      +        +        -        -
y    ↗    -2  ↗     0  ↘     2  ↘
```

Crece en $(-\infty, -2) \cup (-2, 0)$ y decrece en $(0, 2) \cup (2, +\infty)$.

Presenta un máximo relativo en $(0, 0)$.

c) • Asíntotas verticales:

$$\lim_{x \to -2} \frac{x^2}{x^2-4} = \begin{cases} + \dfrac{4}{0^-} = -\infty \\ - \dfrac{4}{0^+} = +\infty \end{cases}$$ Hay una asíntota vertical en $x = -2$.

$$\lim_{x \to 2} \frac{x^2}{x^2-4} = \begin{cases} + \dfrac{4}{0^+} = +\infty \\ - \dfrac{4}{0^-} = -\infty \end{cases}$$ Hay una asíntota vertical en $x = 2$.

- Asíntotas horizontales:

$$\lim_{x \to \pm\infty} \frac{x^2}{x^2 - 4} = 1 \rightarrow y = 1 \text{ es una asíntota horizontal.}$$

d)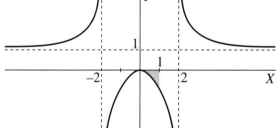

e) Hay que hallar el área de la zona sombreada.

$$A = \left| \int_0^1 \frac{x^2}{x^2 - 4} \, dx \right|$$

Se trata de integrar una función racional con los grados del numerador y denominador iguales. Para resolverla, dividimos el numerador entre el denominador:

$$\begin{array}{r|l} x^2 & \underline{x^2 - 4} \\ \underline{-x^2 + 4} & 1 \\ 4 & \end{array}$$

$$\int_0^1 \frac{x^2}{x^2 - 4} \, dx = \int_0^1 \left(1 + \frac{4}{x^2 - 4}\right) dx$$

Descomponemos $\dfrac{4}{x^2 - 4}$ en fracciones simples:

$$\frac{4}{x^2 - 4} = \frac{4}{(x+2)(x-2)} = \frac{A}{x+2} + \frac{B}{x-2} = \frac{A(x-2) + B(x+2)}{x^2 - 4} \rightarrow$$

$$\rightarrow 4 = A(x-2) + B(x+2) \rightarrow \begin{cases} \text{Si } x = 2 \rightarrow 4 = 4B \rightarrow B = 1 \\ \text{Si } x = -2 \rightarrow 4 = -4A \rightarrow A = -1 \end{cases}$$

$$\int_0^1 \frac{x^2}{x^2 - 4} \, dx = \int_0^1 \left(1 - \frac{1}{x+2} + \frac{1}{x-2}\right) dx = \left[x - \ln|x+2| + \ln|x-2|\right]_0^1 =$$

$$= (1 - \ln 3 + \ln 1) - (0 - \ln 2 + \ln 2) = 1 - \ln 3$$

Por tanto: $A = |1 - \ln 3| \, \text{u}^2 = (\ln 3 - 1) \, \text{u}^2 = 0{,}1 \, \text{u}^2$

## 2.B  *Resolución*

Se trata de un problema de optimización.

$x$ = número de nuevos pasajeros inscritos

Beneficio = Ingresos – Costes

Ingresos = n.º de viajeros × precio por viajero = $(25 + x) \cdot (1\,500 - 6x)$

Costes = gastos de avión + gastos por los viajeros = $3\,000 + 450(25 + x)$

La función a maximizar es:

$$B = (25 + x) \cdot (1\,500 - 6x) - [3\,000 + 450(25 + x)] =$$
$$= -6x^2 + 900x + 23\,250$$

Para obtener el máximo, derivamos e igualamos a cero:

$B' = -12x + 900 = 0 \rightarrow x = 75$ nuevos pasajeros inscritos

Con la derivada segunda, comprobamos que se trata de un máximo:

$B'' = -12 < 0$, máximo

El número de viajeros que maximiza el beneficio es $25 + 75 = 100$ pasajeros. Hallamos el beneficio máximo:

$B = -6(75)^2 + 900 \cdot 75 + 23\,250 = 57\,000$ €

El beneficio máximo asciende a $57\,000$ €.

## BLOQUE 3

### 3.A *Resolución*

Para resolver el problema, utilizamos el siguiente diagrama en árbol:

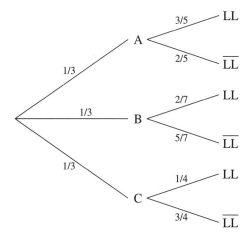

a) $P[\overline{LL}] = \dfrac{1}{3} \cdot \dfrac{2}{5} + \dfrac{1}{3} \cdot \dfrac{5}{7} + \dfrac{1}{3} \cdot \dfrac{3}{4} = \dfrac{2}{15} + \dfrac{5}{21} + \dfrac{1}{4} = \dfrac{87}{140} = 0{,}62$

b) $P[B \cap \overline{LL}] = \dfrac{1}{3} \cdot \dfrac{5}{7} = \dfrac{5}{21} = 0{,}24$

c) $P[C/LL] = \dfrac{P[C \cap LL]}{P[LL]} = \dfrac{\dfrac{1}{3} \cdot \dfrac{1}{4}}{\dfrac{1}{3} \cdot \dfrac{3}{5} + \dfrac{1}{3} \cdot \dfrac{2}{7} + \dfrac{1}{3} \cdot \dfrac{1}{4}} = \dfrac{\dfrac{1}{12}}{\dfrac{53}{140}} = \dfrac{35}{159} = 0{,}22$

## 3.B  _Resolución_

a) Los intervalos de confianza para la media tienen la forma:

$$\left(\bar{x} - z_{\alpha/2} \cdot \frac{\sigma}{\sqrt{n}},\ \bar{x} + z_{\alpha/2} \cdot \frac{\sigma}{\sqrt{n}}\right)$$

A una confianza del 95% le corresponde un $z_{\alpha/2} = 1{,}96$:

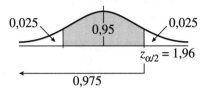

Sustituyendo los datos del problema, el intervalo de confianza pedido es:

$$\left(5{,}1 - 1{,}96 \cdot \frac{1{,}5}{\sqrt{200}};\ 5{,}1 + 1{,}96 \cdot \frac{1{,}5}{\sqrt{200}}\right) = (4{,}89;\ 5{,}31)$$

b) El error cometido en el apartado anterior es:

$$E = z_{\alpha/2} \cdot \frac{\sigma}{\sqrt{n}} = 1{,}96 \cdot \frac{1{,}5}{\sqrt{200}} = 0{,}208$$

La tercera parte de este error es 0,069.

A un nivel de confianza del 99% le corresponde un $z_{\alpha/2} = 2{,}575$:

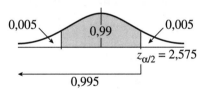

Por tanto:

$$0{,}069 = 2{,}575 \cdot \frac{1{,}5}{\sqrt{n}} \rightarrow \sqrt{n} = \frac{2{,}575 \cdot 1{,}5}{0{,}069} = 55{,}98 \rightarrow n = 3\,133{,}57$$

La muestra debe tener, como mínimo, 3 134 individuos.

# PRUEBA DE SELECTIVIDAD

## ACLARACIONES PREVIAS

*Esta prueba consta de cuatro bloques de dos ejercicios A) y B) cada uno.*
*El/la alumno/a debe resolver cuatro ejercicios, uno de cada bloque.*
*Cada ejercicio tiene una puntuación máxima de 2,5 puntos.*
*Se puede utilizar cualquier tipo de calculadora.*

### BLOQUE 1

**A** 1) Despeja la matriz $X$ en la ecuación: $2 \cdot X + A \cdot X = I$

2) Halla la matriz $X$ de la ecuación anterior sabiendo que:

$$A = \begin{pmatrix} 1 & 0 & 1 \\ 0 & 0 & 2 \\ 1 & 1 & -1 \end{pmatrix} \qquad I = \begin{pmatrix} 1 & 0 & 0 \\ 0 & 1 & 0 \\ 0 & 0 & 1 \end{pmatrix}$$

**B** Con las 12 monedas que tengo en el bolsillo (de 50 céntimos, de 20 céntimos y de 10 céntimos de euro) puedo comprar un pastel cuyo precio es 2,80 euros. Si una moneda de 50 céntimos lo fuera de 20, entonces el número de las de 20 céntimos y el número de las de 10 céntimos coincidiría. ¿Cuántas monedas tengo de cada clase?

### BLOQUE 2

**A** Una confitería realiza una oferta a sus clientes a través de dos tipos de lotes A y B. El lote A lleva 3 tabletas de turrón y 5 cajas de bombones. El lote B está compuesto por 5 tabletas de turrón y 3 cajas de bombones. Por cuestiones de estrategia comercial, el número de lotes B debe ser menor que el número de lotes del tipo A incrementado en 4. El número de tabletas de turrón disponibles en el almacén para esta oferta es 52, y el de cajas de bombones, 60. La venta de un lote del tipo A reporta una ganancia de 6,5 euros, y uno del tipo B, 8,5 euros. **1)** Dibuja la región factible.

**2)** Determina el número de lotes de cada tipo que debe vender para que la ganancia sea lo mayor posible. **3)** Calcula esa ganancia máxima.

**B** En una clase hay 30 alumnos, de los cuales 3 son pelirrojos, 15 son rubios, y el resto, morenos. Si elegimos al azar dos alumnos de esa clase, calcula la probabilidad de que: **1)** Tengan el mismo color de pelo. **2)** Al menos uno sea rubio.

## BLOQUE 3

**A** Dada la función $f(x) = \begin{cases} 0 & \text{si } x \leq -2 \\ x^2 - 4 & \text{si } -2 < x < 3 \\ (x-2)^2 & \text{si } x \geq 3 \end{cases}$, se pide:

**1)** Dibuja su gráfica. **2)** Estudia su continuidad en $x = -2$ y en $x = 3$. **3)** Calcula el área del recinto cerrado delimitado por la gráfica de la función y el eje horizontal.

**B** El coeficiente de elasticidad de un producto, en función de la temperatura ($t$) en grados centígrados, viene definido por la función $E(t) = \dfrac{t^2}{9} - 2t + 10$.

**1)** ¿A qué temperatura o temperaturas se obtiene una elasticidad de 2? **2)** Calcula el valor de la temperatura para la que la elasticidad es mínima. **3)** Calcula ese mínimo.

## BLOQUE 4

**A** Se ha realizado una encuesta a un grupo de estudiantes de bachillerato. Entre las conclusiones está que un 40% han recibido clases de informática. Además, el 80% de aquellos que han recibido clases de informática tienen ordenador en casa. También que un 10% de los estudiantes a los que se les pasó la encuesta tienen ordenador en casa y no han recibido clases de informática. Elegido al azar un estudiante encuestado, calcula la probabilidad de que: **1)** Tenga ordenador en casa. **2)** Tenga ordenador en casa y haya recibido clases de informática. **3)** Haya recibido clases de informática, sabiendo que tiene ordenador en casa.

**B** La talla de los varones recién nacidos en una determinada ciudad sigue aproximadamente una distribución normal con desviación típica de 2,4 cm. Si en una muestra de 81 recién nacidos de esa ciudad obtenemos una talla media de 51 cm: **1)** Encuentra el intervalo de confianza al 97% para la talla media de los recién nacidos de esa ciudad. **2)** Interpreta el significado del intervalo obtenido.

*Castilla-La Mancha. Junio, 2009*

# SOLUCIÓN DE LA PRUEBA — Castilla-La Mancha

## BLOQUE 1

**A** *Resolución*

1) $2X + AX = I \to (2I + A)X = I \to X = (2I + A)^{-1}I \to X = (2I + A)^{-1}$

2) $A = \begin{pmatrix} 1 & 0 & 1 \\ 0 & 0 & 2 \\ 1 & 1 & -1 \end{pmatrix}$

$B = 2I + A = 2\begin{pmatrix} 1 & 0 & 0 \\ 0 & 1 & 0 \\ 0 & 0 & 1 \end{pmatrix} + \begin{pmatrix} 1 & 0 & 1 \\ 0 & 0 & 2 \\ 1 & 1 & -1 \end{pmatrix} = \begin{pmatrix} 3 & 0 & 1 \\ 0 & 2 & 2 \\ 1 & 1 & 1 \end{pmatrix}$

$|B| = -2$

$B_{11} = \begin{vmatrix} 2 & 2 \\ 1 & 1 \end{vmatrix} = 0; \quad B_{12} = -\begin{vmatrix} 0 & 2 \\ 1 & 1 \end{vmatrix} = 2; \quad B_{13} = \begin{vmatrix} 0 & 2 \\ 1 & 1 \end{vmatrix} = -2$

$B_{21} = -\begin{vmatrix} 0 & 1 \\ 1 & 1 \end{vmatrix} = 1; \quad B_{22} = \begin{vmatrix} 3 & 1 \\ 1 & 1 \end{vmatrix} = 2; \quad B_{23} = -\begin{vmatrix} 3 & 0 \\ 1 & 1 \end{vmatrix} = -3$

$B_{31} = \begin{vmatrix} 0 & 1 \\ 2 & 2 \end{vmatrix} = -2; \quad B_{32} = -\begin{vmatrix} 3 & 1 \\ 0 & 2 \end{vmatrix} = -6; \quad B_{33} = \begin{vmatrix} 3 & 0 \\ 0 & 2 \end{vmatrix} = 6$

$X = B^{-1} = \dfrac{[Adj(B)]^t}{|B|} = \dfrac{-1}{2}\begin{pmatrix} 0 & 1 & -2 \\ 2 & 2 & -6 \\ -2 & -3 & 6 \end{pmatrix} = \begin{pmatrix} 0 & -1/2 & 1 \\ -1 & -1 & 3 \\ 1 & 3/2 & -3 \end{pmatrix}$

**B** *Resolución*

Sea:

$x$ = número de monedas de 50 céntimos

$y$ = número de monedas de 20 céntimos

$z$ = número de monedas de 10 céntimos

$\begin{cases} x + y + z = 12 \\ 0{,}5x + 0{,}2y + 0{,}1z = 2{,}8 \\ y + 1 = z \end{cases} \to \begin{cases} x + y + z = 12 \\ 5x + 2y + z = 2{,}8 \\ y - z = -1 \end{cases}$

Resolvemos por el método de Gauss:

$$\begin{pmatrix} 1 & 1 & 1 & \vdots & 12 \\ 5 & 2 & 1 & \vdots & 28 \\ 0 & 1 & -1 & \vdots & -1 \end{pmatrix} \xrightarrow{f_2 - 5f_1} \begin{pmatrix} 1 & 1 & 1 & \vdots & 12 \\ 0 & -3 & -4 & \vdots & -32 \\ 0 & 1 & -1 & \vdots & -1 \end{pmatrix} \rightarrow$$

$$\xrightarrow{f_2 + 3f_3} \begin{pmatrix} 1 & 1 & 1 & \vdots & 12 \\ 0 & 0 & -7 & \vdots & -35 \\ 0 & 1 & -1 & \vdots & -1 \end{pmatrix} \rightarrow 7z = 35 \rightarrow z = 5$$

$y - z = -1 \rightarrow y - 5 = -1 \rightarrow y = 4$

$x + y + z = 12 \rightarrow x + 4 + 5 = 12 \rightarrow x = 3$

Tiene 3 monedas de 50 céntimos, 4 monedas de 20 céntimos y 5 monedas de 10 céntimos.

## BLOQUE 2

**A** *Resolución*

Se trata de un problema de programación lineal.

|  | A | B | DISPONIBLE |
|---|---|---|---|
| TABLETAS DE TURRÓN | 3 | 5 | 52 |
| CAJAS DE BOMBONES | 5 | 3 | 60 |
| GANANCIA | 6,5 | 8,5 |  |

$x$ = número de lotes del tipo A

$y$ = número de lotes del tipo B

Restricciones:

$$\begin{cases} y < x + 4 \\ 3x + 5y \leq 52 \rightarrow y \leq \dfrac{52 - 3x}{5} \\ 5x + 3y \leq 60 \rightarrow y \leq \dfrac{60 - 5x}{3} \\ x \geq 0 \\ y \geq 0 \end{cases}$$

1) La región factible es la zona sombreada:

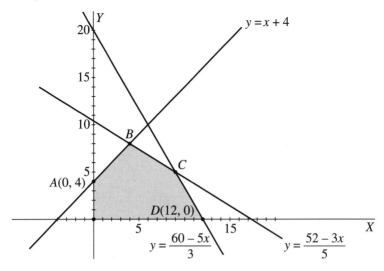

2) El máximo de la ganancia se alcanza en uno de los vértices de la región factible.

- Cálculo del vértice $B$:

$$\left.\begin{array}{l} y = \dfrac{52 - 3x}{5} \\ y = x + 4 \end{array}\right\} \rightarrow \dfrac{52 - 3x}{5} = x + 4 \rightarrow 52 - 3x = 5x + 20 \rightarrow$$
$$\rightarrow 8x = 32 \rightarrow x = 4 \rightarrow B = (4, 8)$$

- Cálculo del vértice $C$:

$$\left.\begin{array}{l} y = \dfrac{52 - 3x}{5} \\ y = \dfrac{60 - 5x}{3} \end{array}\right\} \rightarrow \dfrac{52 - 3x}{5} = \dfrac{60 - 5x}{3} \rightarrow 156 - 9x = 300 - 25x \rightarrow$$
$$\rightarrow 16x = 144 \rightarrow x = 9 \rightarrow C = (9, 5)$$

La función objetivo que debemos maximizar es:

$G(x, y) = 6{,}5x + 8{,}5y$

Para hallar el máximo, sustituimos los vértices de la región factible en la función objetivo:

$G(A) = G(0, 4) = 34$ $\quad\quad$ $G(B) = G(4, 8) = 94$

$G(C) = G(9, 5) = 101$ $\quad\quad$ $G(D) = G(12, 0) = 78$

Para que la ganancia sea lo mayor posible, debe vender 9 lotes del tipo A y 5 lotes del tipo B.

3) La ganancia máxima asciende a $G(9, 5) = 101$ euros.

### B  *Resolución*

Para resolver el problema, utilizamos el siguiente diagrama en árbol:

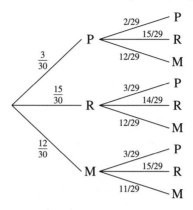

1) $P[\text{mismo color de pelo}] = \dfrac{3}{30} \cdot \dfrac{2}{29} + \dfrac{15}{30} \cdot \dfrac{14}{29} + \dfrac{12}{30} \cdot \dfrac{11}{29} = \dfrac{348}{870} = 0{,}4$

2) $P[\text{al menos uno rubio}] = 1 - P[\text{ninguno rubio}] =$

$= 1 - \left( \dfrac{3}{30} \cdot \dfrac{2}{29} + \dfrac{3}{30} \cdot \dfrac{12}{29} + \dfrac{12}{30} \cdot \dfrac{3}{29} + \dfrac{12}{30} \cdot \dfrac{11}{29} \right) = 1 - \left( \dfrac{210}{870} \right) = 0{,}76$

## BLOQUE 3

### A  *Resolución*

1) $f(x) = \begin{cases} 0 & \text{si } x \leq -2 \\ x^2 - 4 & \text{si } -2 < x < 3 \\ (x-2)^2 & \text{si } x \geq 3 \end{cases}$

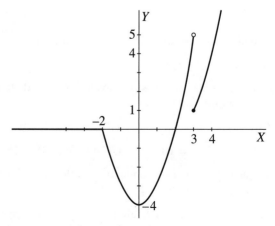

2) • $\lim\limits_{x \to -2^-} f(x) = \lim\limits_{x \to -2} 0 = 0$

$\lim\limits_{x \to -2^+} f(x) = \lim\limits_{x \to -2} (x^2 - 4) = 0$

Como $\lim\limits_{x \to -2^+} f(x) = \lim\limits_{x \to -2^-} f(x) = f(-2)$, la función es continua en $x = -2$.

• $\lim\limits_{x \to 3^-} f(x) = \lim\limits_{x \to 3} (x^2 - 4) = 5$

$\lim\limits_{x 3^+} f(x) = \lim\limits_{x \to 3} (x - 2)^2 = 1$

Como $\lim\limits_{x \to 3^-} f(x) \neq \lim\limits_{x \to 3^+} f(x)$, $f(x)$ no es continua en $x = 3$.

3) $A = \left| 2\int_0^2 (x^2 - 4) \, dx \right| = 2\left|\left[\dfrac{x^3}{3} - 4x\right]_0^2\right| = 2\left|\left(\dfrac{8}{3} - 8\right)\right| = \dfrac{32}{3} = 10{,}7 \text{ u}^2$

**B** *Resolución*

1) $E(t) = \dfrac{t^2}{9} - 2t + 10$

$\dfrac{t^2}{9} - 2t + 10 = 2 \;\to\; t^2 - 18t + 90 = 18 \;\to\; t^2 - 18t + 72 = 0$

$t = \dfrac{18 \pm \sqrt{324 - 4 \cdot 1 \cdot 72}}{2} = \dfrac{18 \pm 6}{2} \begin{array}{l} t = 12 \\ t = 6 \end{array}$

A 6 °C y a 12 °C se obtiene una elasticidad de 2.

2) Para hallar el mínimo, derivamos e igualamos a cero:

$E'(t) = \dfrac{2}{9}t - 2 = 0 \;\to\; \dfrac{2}{9}t = 2 \;\to\; t = 9$

A 9 °C la elasticidad es mínima.

3) $E(9) = \dfrac{81}{9} - 2 \cdot 9 + 10 = 1$ es la elasticidad mínima.

## BLOQUE 4

### A *Resolución*

Para resolver el problema, utilizamos el siguiente diagrama en árbol:

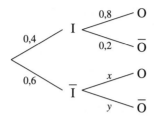

Para calcular $x$, sabemos que $0{,}6x = 0{,}1 \rightarrow x = \dfrac{1}{6}$, por lo que $y = \dfrac{5}{6}$.

1) $P[O] = 0{,}4 \cdot 0{,}8 + 0{,}6 \cdot \dfrac{1}{6} = 0{,}42$

2) $P[O \cap I] = 0{,}4 \cdot 0{,}8 = 0{,}32$

3) $P[I/O] = \dfrac{0{,}4 \cdot 0{,}8}{0{,}42} = \dfrac{16}{21} = 0{,}76$

### B *Resolución*

1) Los intervalos de confianza para la media tienen la forma:

$$\left( \bar{x} - z_{\alpha/2} \cdot \dfrac{\sigma}{\sqrt{n}},\ \bar{x} + z_{\alpha/2} \cdot \dfrac{\sigma}{\sqrt{n}} \right)$$

A una confianza del 97% le corresponde un $z_{\alpha/2} = 2{,}17$:

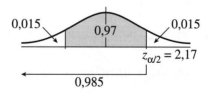

Sustituyendo los datos, obtenemos el intervalo pedido:

$$\left( 51 - 2{,}17 \cdot \dfrac{2{,}4}{\sqrt{81}};\ 51 + 2{,}17 \cdot \dfrac{2{,}4}{\sqrt{81}} \right) = (50{,}42;\ 51{,}58)$$

2) Tenemos una confianza del 97% en que la media de la población está comprendida entre 50,42 cm y 51,58 cm.

# PRUEBA DE SELECTIVIDAD

## ACLARACIONES PREVIAS

Cada pregunta de la 1 a la 3 se puntuará sobre un máximo de 3 puntos. La pregunta 4 se puntuará sobre un máximo de 1 punto. La calificación final se obtiene sumando las puntuaciones de las cuatro preguntas.

Deben figurar explícitamente las operaciones no triviales, de modo que puedan reconstruirse la argumentación lógica y los cálculos efectuados por el alumno/a.

**Optatividad:** *El alumno/a deberá escoger uno de los bloques y desarrollar las preguntas del mismo.*

### BLOQUE A

**1** Estudia el siguiente sistema en función del parámetro $a$. Resuélvelo siempre que sea posible, dejando las soluciones en función de parámetros si fuera necesario. Resuélvelo para el caso particular $a = 3$.

$$\begin{cases} x + y + 2z = 3 \\ x + 2y + 3z = 5 \\ y + 3y + az = 7 \end{cases}$$

**2** a) Representa simultáneamente las curvas $f(x) = \dfrac{2}{x} - 2$ y $g(x) = -x + \dfrac{5}{2}$.

b) Calcula el área encerrada entre las curvas $f(x)$ y $g(x)$.

**3** Un bosque de montaña contiene un 50% de pinos, un 30% de abetos y un 20% de abedules. Si sabemos que un árbol es pino, la probabilidad de que esté enfermo es 0,1. Sabiendo que es abedul, la probabilidad de que esté sano es 0,8; y sabiendo que es abeto, la probabilidad de que esté enfermo es de 0,15.

a) Halla la probabilidad de que un árbol esté enfermo.

b) Halla la probabilidad de que sabiendo que un árbol está enfermo sea un abedul.

c) Halla la probabilidad de que un árbol esté enfermo y sea un pino.

**4** Un jugador de tenis pone en juego un 85% de los saques que realiza. En un juego realizó 10 saques. ¿Cuál es la probabilidad de que haya puesto en juego 7 o más de los 10 saques realizados?

Distribución binomial:

$$P[X = r] = \binom{n}{r} p^r (1-p)^{n-r}$$

| n | p<br>r | 0,01 | 0,05 | 0,10 | 0,15 | 0,20 |
|---|---|---|---|---|---|---|
| 10 | 0 | 0,9044 | 0,5987 | 0,3487 | 0,1969 | 0,1074 |
| | 1 | 0,0914 | 0,3151 | 0,3874 | 0,3474 | 0,2684 |
| | 2 | 0,0042 | 0,0746 | 0,1937 | 0,2759 | 0,3020 |
| | 3 | 0,0001 | 0,0105 | 0,0574 | 0,1298 | 0,2013 |
| | 4 | 0,0000 | 0,0010 | 0,0112 | 0,0401 | 0,0881 |
| | 5 | 0,0000 | 0,0001 | 0,0015 | 0,0085 | 0,0264 |
| | 6 | 0,0000 | 0,0000 | 0,0001 | 0,0012 | 0,0055 |
| | 7 | 0,0000 | 0,0000 | 0,0000 | 0,0001 | 0,0008 |
| | 8 | 0,0000 | 0,0000 | 0,0000 | 0,0000 | 0,0001 |
| | 9 | 0,0000 | 0,0000 | 0,0000 | 0,0000 | 0,0000 |
| | 10 | 0,0000 | 0,0000 | 0,0000 | 0,0000 | 0,0000 |

## BLOQUE B

**1** Un fabricante de plásticos pretende fabricar nuevos productos mezclando dos componentes químicos A y B. Cada litro de producto plástico 1 lleva 2/5 partes del compuesto A y 3/5 partes del compuesto B, mientras que el producto plástico 2 lleva una mitad del compuesto A y la otra mitad del compuesto B. Se disponen de 100 litros del compuesto A y 120 litros del compuesto B. Sabemos que al menos necesitamos fabricar 50 litros del producto 1 y que el beneficio obtenido por un litro del producto plástico 1 es de 10 euros, mientras que por un litro del producto plástico 2 el beneficio es de 12 euros.

Utilizando técnicas de programación lineal, representa la región factible y calcula el número de litros que se debe producir de cada producto plástico para conseguir el mayor beneficio posible. ¿Cuál es ese beneficio máximo?

**2** a) Determina el parámetro $a$ que hace que el valor de la integral definida de $f(x) = 3x^2 - a^2x + a$ entre $x = 0$ y $x = 1$ sea máximo.

b) Determina la recta tangente en $x = 1$ de la función $f(x)$ del apartado anterior, cuando $a$ es igual a 1.

**3** Se sabe que los salarios en una comunidad autónoma siguen una distribución normal de varianza $6400 \, €^2$. Si realizamos una encuesta de tamaño $n$ a personas de esa comunidad:

a) Calcula la desviación típica de la media muestral de los salarios si se han realizado 20 encuestas.

b) ¿Cuántas encuestas hemos realizado si hemos obtenido una media muestral $\bar{x} = 1800$ y un intervalo de confianza al 95% para la media poblacional igual a [1 784,32; 1 815,68].

**4** Si $P[B] = 0,3$ y $P[A \cap B] = 0,06$, calcula $P[A/B]$ y $P[A]$ sabiendo que $A$ y $B$ son independientes.

*Castilla y León. Junio, 2009*

# SOLUCIÓN DE LA PRUEBA — Castilla y León

## BLOQUE A

**1** *Resolución*

$$\begin{cases} x + y + 2z = 3 \\ x + 2y + 3z = 5 \\ y + 3y + az = 7 \end{cases} \rightarrow M' = \underbrace{\begin{pmatrix} 1 & 1 & 2 \\ 1 & 2 & 3 \\ 1 & 3 & a \end{pmatrix}}_{M} \begin{matrix} 3 \\ 5 \\ 7 \end{matrix}$$

$$|M| = \begin{vmatrix} 1 & 1 & 2 \\ 1 & 2 & 3 \\ 1 & 3 & a \end{vmatrix} = a - 4 = 0 \rightarrow a = 4$$

- Si $a \neq 4 \rightarrow ran(M) = ran(M') = 3 =$ n.º de incógnitas.

  El sistema es compatible determinado.

- Si $a = 4 \rightarrow M' = \begin{pmatrix} 1 & 1 & 2 & 3 \\ 1 & 2 & 3 & 5 \\ 1 & 3 & 4 & 7 \end{pmatrix}$

$$\begin{vmatrix} 1 & 1 \\ 1 & 2 \end{vmatrix} \neq 0 \rightarrow ran(M) = 2$$

$$\begin{vmatrix} 1 & 1 & 3 \\ 1 & 2 & 5 \\ 1 & 3 & 7 \end{vmatrix} = 0 \rightarrow ran(M') = 2$$

Por tanto, $ran(M) = ran(M') = 2 <$ n.º de incógnitas. El sistema es compatible indeterminado.

- Resolución para $a = 4$:

  Como el rango es 2, eliminamos la 3.ª ecuación, por ser combinación de las dos primeras y pasamos $z$ al 2.º miembro como parámetro.

$$\begin{cases} x + y = 3 - 2z \\ x + 2y = 5 - 3z \end{cases}$$

Resolvemos por Cramer:

$$x = \frac{\begin{vmatrix} 3 - 2z & 1 \\ 5 - 3z & 2 \end{vmatrix}}{\begin{vmatrix} 1 & 1 \\ 1 & 2 \end{vmatrix}} = \frac{1 - z}{1} = 1 - z; \qquad y = \frac{\begin{vmatrix} 1 & 3 - 2z \\ 1 & 5 - 3z \end{vmatrix}}{1} = 2 - z$$

Soluciones: $\begin{cases} x = 1 - t \\ y = 2 - t \\ z = t \end{cases}$

- Resolución para $a \neq 4$:

$$x = \frac{\begin{vmatrix} 3 & 1 & 2 \\ 5 & 2 & 3 \\ 7 & 3 & a \end{vmatrix}}{a-4} = \frac{a-4}{a-4} = 1; \quad y = \frac{\begin{vmatrix} 1 & 3 & 2 \\ 1 & 5 & 3 \\ 1 & 7 & a \end{vmatrix}}{a-4} = \frac{2a-8}{a-4} = \frac{2(a-4)}{a-4} = 2$$

$$z = \frac{\begin{vmatrix} 1 & 1 & 3 \\ 1 & 2 & 5 \\ 1 & 3 & 7 \end{vmatrix}}{a-4} = \frac{0}{a-4} = 0$$

- Si $a = 3$, estamos en el caso $a \neq 4$, por lo que las soluciones son las anteriores:

$x = 1, \ y = 2, \ z = 0$

**2** *Resolución*

a) $f(x) = \dfrac{2}{x} - 2; \quad g(x) = -x + \dfrac{5}{2}$

$f(x)$ tiene una asíntota vertical en $x = 0$, pues:

$$\lim_{x \to 0} \left( \frac{2}{x} - 2 \right) = \lim_{x \to 0} \frac{2-2x}{x} = \frac{2}{0} \begin{cases} \dfrac{2}{0^+} = +\infty \\ \dfrac{2}{0^-} = -\infty \end{cases}$$

$f(x)$ tiene una asíntota horizontal en $y = -2$, pues:

$$\lim_{x \to \pm\infty} \left( \frac{2}{x} - 2 \right) = \lim_{x \to \pm\infty} \frac{2-2x}{x} = -2$$

Puntos de corte entre $f(x)$ y $g(x)$:

$$\frac{2}{x} - 2 = -x + \frac{5}{2} \ \rightarrow \ 4 - 4x = -2x^2 + 5x \ \rightarrow \ 2x^2 - 9x + 4 = 0$$

$$x = \frac{9 \pm \sqrt{81 - 4 \cdot 2 \cdot 4}}{4} = \frac{9 \pm 7}{4} \begin{cases} x = 4 \\ x = \dfrac{1}{2} \end{cases}$$

Las funciones $f(x)$ y $g(x)$ se cortan en $\left(4, \dfrac{-3}{2}\right)$ y en $\left(\dfrac{1}{2}, 2\right)$.

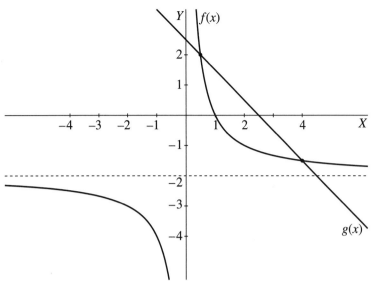

b) $A = \int_{1/2}^{4} \left[ \left(-x + \frac{5}{2}\right) - \left(\frac{2}{x} - 2\right) \right] dx =$

$= \int_{1/2}^{4} \left(-x + \frac{9}{2} - \frac{2}{x}\right) dx = \left[ -\frac{x^2}{2} + \frac{9}{2}x - 2 \ln x \right]_{1/2}^{4} =$

$= (-8 + 18 - 2 \ln 4) - \left(-\frac{1}{8} + \frac{9}{4} - 2 \ln \frac{1}{2}\right) =$

$= 10 - 2 \ln 2^2 - \frac{17}{8} + 2(\ln 1 - \ln 2) = \frac{63}{8} - 4 \ln 2 - 2 \ln 2 =$

$= \frac{63}{8} - 6 \ln 2 = 3{,}72 \text{ u}^2$

### 3 *Resolución*

Para resolver el problema, utilizamos el siguiente diagrama en árbol:

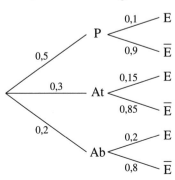

a) $P[E] = 0{,}5 \cdot 0{,}1 + 0{,}3 \cdot 0{,}15 + 0{,}2 \cdot 0{,}2 = 0{,}135$

b) $P[Ab/E] = \dfrac{0{,}2 \cdot 0{,}2}{0{,}135} = \dfrac{8}{27} = 0{,}296$

c) $P[P \cap E] = 0{,}5 \cdot 0{,}1 = 0{,}05$

### 4. *Resolución*

El número de aciertos sigue una distribución binomial $x = B(10;\ 0{,}85)$.

Hay que calcular $P[x \geq 7]$.

Para obtener el resultado, miramos el trozo de la tabla de la binomial que se adjunta en el enunciado. Como la probabilidad mayor que viene reflejada en las tablas es 0,20, calculamos la probabilidad pedida fijándonos en el mínimo de fracasos, que sigue una distribución $x' = B(10;\ 0{,}15)$.

$P[x \geq 7] = P[x' < 7] = 1 - P[x' \geq 7] =$

$= 1 - \big(P[x' = 7] + P[x' = 8] + P[x' = 9] + P[x' = 10]\big) =$

$= 1 - [0{,}0001] = 0{,}9999$

## BLOQUE B

### 1. *Resolución*

Se trata de un problema de programación lineal.

$x =$ litros de producto plástico 1

$y =$ litros de producto plástico 2

|  | PLÁSTICO 1 | PLÁSTICO 2 | DISPONIBLE |
|---|---|---|---|
| A | 2/5 | 1/2 | 100 |
| B | 3/5 | 1/2 | 120 |
| NECESIDADES | 50 | | |
| BENEFICIO | 10 | 12 | |

Las restricciones son:

$$\begin{cases} \dfrac{2}{5}x + \dfrac{1}{2}y \leq 100 \rightarrow 4x + 5y \leq 1\,000 \rightarrow y \leq \dfrac{1\,000 - 4x}{5} \\ \dfrac{3}{5}x + \dfrac{1}{2}y \leq 120 \rightarrow 6x + 5y \leq 1\,200 \rightarrow y \leq \dfrac{1\,200 - 6x}{5} \\ x \geq 50 \\ y \geq 0 \end{cases}$$

La región factible es la zona sombreada:

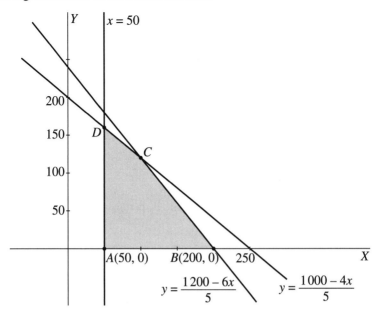

- Cálculo del vértice $C$:

$$\left. \begin{array}{l} y = \dfrac{1\,000 - 4x}{5} \\ y = \dfrac{1\,200 - 6x}{5} \end{array} \right\} \rightarrow \dfrac{1\,000 - 4x}{5} = \dfrac{1\,200 - 6x}{5} \rightarrow 2x = 200 \rightarrow$$
$$\rightarrow x = 100 \rightarrow C = (100, 120)$$

- Cálculo del vértice $D$:

$$\left. \begin{array}{l} y = \dfrac{1\,000 - 4x}{5} \\ x = 50 \end{array} \right\} \rightarrow y = \dfrac{1\,000 - 200}{5} = 160 \rightarrow D = (50, 160)$$

La función objetivo que debemos maximizar es:

$F(x, y) = 10x + 12y$

Para hallar el máximo, sustituimos los vértices de la región factible en la función objetivo:

$F(A) = F(50, 0) = 500$     $F(B) = F(200, 0) = 2\,000$

$F(C) = F(100, 120) = 2\,440$     $F(D) = F(50, 160) = 2\,420$

El beneficio máximo es de 2 440 euros y se alcanza produciendo 100 litros de producto plástico 1 y 120 litros de producto plástico 2.

## 2 *Resolución*

a) $I = \int_0^1 (3x^2 - a^2 x + a)\, dx = \left[ x^3 - \dfrac{a^2 x^2}{2} + ax \right]_0^1 = 1 - \dfrac{a^2}{2} + a$

Para hallar el máximo, derivamos e igualamos a cero:

$I' = -a + 1 = 0 \rightarrow a = 1$

Utilizamos la derivada segunda para comprobar que se trata de un máximo:

$I'' = -1 < 0$, máximo

b) $f(x) = 3x^2 - x + 1 \rightarrow f(1) = 3$

La pendiente de la recta tangente es la derivada:

$f'(x) = 6x - 1 \rightarrow f'(1) = 5$

La ecuación de la tangente es, por tanto:

$y - 3 = 5(x - 1) \rightarrow y = 5x - 2$

## 3 *Resolución*

a) $\sigma^2 = 6400 \rightarrow \sigma = 80$ es la desviación típica de la población.

La desviación típica de la media muestral, si se realizan 20 encuestas, es:

$$\dfrac{\sigma}{\sqrt{n}} = \dfrac{80}{\sqrt{20}} = 8\sqrt{5} \in$$

b) Los intervalos de confianza para la media tienen la forma:

$$\left( \bar{x} - z_{\alpha/2} \cdot \dfrac{\sigma}{\sqrt{n}},\ \bar{x} + z_{\alpha/2} \cdot \dfrac{\sigma}{\sqrt{n}} \right)$$

A una confianza del 95% le corresponde un $z_{\alpha/2} = 1{,}96$:

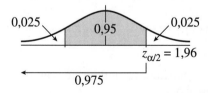

Sustituyendo estos datos e igualando con el intervalo dado, tenemos:

$1\,784{,}32 = 1\,800 - 1{,}96 \cdot \dfrac{80}{\sqrt{n}} \rightarrow \dfrac{156{,}8}{\sqrt{n}} = 15{,}68 \rightarrow \dfrac{156{,}8}{15{,}68} = \sqrt{n} \rightarrow$

$\rightarrow \sqrt{n} = 10 \rightarrow n = 100$ encuestas

**4** *Resolución*

Como $A$ y $B$ son independientes:

$P[A \cap B] = P[A] \cdot P[B] \rightarrow 0,06 = 0,3 \cdot P[A] \rightarrow P[A] = 0,2$

Por ser independientes:

$P[A/B] = P[A] = 0,2$

# PRUEBA DE SELECTIVIDAD

## ACLARACIONES PREVIAS

Responde a TRES de las cuatro cuestiones y resuelve UNO de los dos problemas siguientes. En las respuestas, explica siempre qué es lo quieres hacer y por qué.

Cada cuestión vale 2 puntos, y el problema, 4 puntos.

Puedes utilizar calculadora, pero no serán válidas calculadoras u otros aparatos que tengan información almacenada o que puedan transmitir o recibir información.

## CUESTIONES

**1** Considera el sistema de inecuaciones siguiente:

$$\left.\begin{array}{r} x \geq 0 \\ y \geq 0 \\ 2x + 5y \leq 10 \\ 3x + 4y \leq 12 \end{array}\right\}$$

a) Dibuja la región de soluciones del sistema. (1 punto)

b) Determina el máximo de la función $f(x, y) = x + 3y$ sometida a las restricciones anteriores. (1 punto)

**2** El dueño de una tienda compra dos televisores y seis equipos de música. De acuerdo con el precio marcado, debería pagar 10 480 euros. Como paga al contado, le hacen un descuento del 5% en cada televisor y del 10% en cada equipo de música, con lo que solo paga 9 842 euros. ¿Cuál es el precio marcado de cada televisor y de cada equipo de música?

(2 puntos)

**3** Según un estudio sobre la evolución de la población de una especie protegida determinada, podemos establecer el número de individuos de esta especie durante los próximos años mediante la función:

$$f(t) = \frac{50t + 500}{t + 1}$$

donde $t$ es el número de años transcurridos.

a) Calcula la población actual y la prevista para dentro de nueve años.
(0,5 puntos)

b) Determina los periodos en que la población aumentará y los periodos en que disminuirá. (1 punto)

c) Estudia si, según esta previsión, la población tenderá a estabilizarse en algún valor y, si es así, determínalo. (0,5 puntos)

**4** Considera el sistema de ecuaciones siguiente:

$$\left.\begin{array}{r} x - 2y + 3z = 3 \\ -x + y + 2z = 1 \\ 7x - 10y + z = a \end{array}\right\}$$

a) Di para qué valores del parámetro $a$ el sistema es incompatible.
(1 punto)

b) Resuelve el sistema para el valor de $a$ para el cual el sistema es compatible, y encuentra una solución entera. (1 punto)

## PROBLEMAS

**5** La figura siguiente representa la región de soluciones de un sistema de inecuaciones lineales:

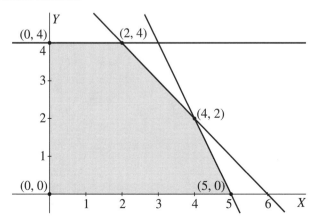

a) Halla el sistema de inecuaciones que determina esta región. (1 punto)

b) Determina el valor máximo de la función $f_1(x, y) = x + y + 1$ en esta región, y di en qué puntos se alcanza este máximo. (1 punto)

c) Halla el valor de $a$ para que la función $f_2(x, y) = ax + 2y + 3$ alcance el máximo en el segmento de extremos $(4, 2)$ y $(5, 0)$. (1 punto)

d) Determina los valores de $a$ para los cuales $f_2(x, y) = ax + 2y + 3$ alcanza el máximo solo en el punto $(4, 2)$. (1 punto)

**6** El precio de coste de una unidad de cierto producto es de 120 €. Si se vende a 150 € la unidad, lo compran 500 clientes. Por cada 10 € de aumento en el precio, las ventas disminuyen en 20 clientes.

a) Halla una fórmula mediante la cual se obtengan los beneficios.

(2 puntos)

b) Calcula a qué precio $p$ por unidad se ha de vender el producto para obtener el máximo beneficio. (1 punto)

c) En el caso anterior, halla el número de unidades que se venden y calcula el beneficio máximo. (1 punto)

*Cataluña. Junio, 2009*

# CUESTIONES

**1** *Resolución*

a)
$$\begin{cases} x \geq 0 \\ y \geq 0 \\ 2x + 5y \leq 10 \rightarrow y \leq \dfrac{10-2x}{5} \\ 3x + 4y \leq 12 \rightarrow y \leq \dfrac{12-3x}{4} \end{cases}$$

La región de soluciones del sistema es la zona sombreada:

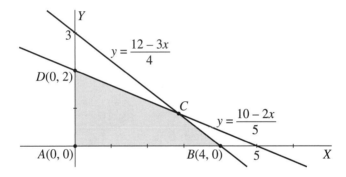

b) Cálculo del vértice $C$:

$$\left. \begin{array}{l} y = \dfrac{10-2x}{5} \\ y = \dfrac{12-3x}{4} \end{array} \right\} \rightarrow \dfrac{10-2x}{5} = \dfrac{12-3x}{4} \rightarrow 40 - 8x = 60 - 15x \rightarrow$$

$$\rightarrow 7x = 20 \rightarrow x = \dfrac{20}{7} \rightarrow C = \left(\dfrac{20}{7}, \dfrac{6}{7}\right)$$

Para hallar el máximo de $f(x, y) = x + 3y$ sometida a las restricciones anteriores, sustituimos los vértices de la región de soluciones en $f(x, y)$:

$f(0, 0) = 0$  $\qquad f(4, 0) = 4$

$f\left(\dfrac{20}{7}, \dfrac{6}{7}\right) = \dfrac{38}{7}$  $\qquad f(0, 2) = 6$

El máximo es 6 y se alcanza en el punto (0, 2).

**2** _Resolución_

$x$ = precio marcado de cada televisor

$y$ = precio marcado de cada equipo de música

$$\begin{cases} 2x + 6y = 10\,480 \\ 2 \cdot 0{,}95x + 6 \cdot 0{,}9y = 9\,842 \end{cases} \rightarrow \begin{cases} x + 3y = 5\,240 \\ 0{,}95x + 3 \cdot 0{,}9y = 4\,921 \end{cases} \rightarrow$$

$$\rightarrow \begin{cases} x + 3y = 5\,240 \\ 95x + 270y = 492\,100 \end{cases} \rightarrow \begin{cases} x + 3y = 5\,240 \\ 19x + 54y = 98\,420 \end{cases}$$

Resolvemos por reducción multiplicando por 19 la 1.ª ecuación:

$$\begin{cases} -19x - 57y = -99\,560 \\ \phantom{-}19x + 54y = \phantom{-}98\,420 \end{cases}$$

$$-3y = -1\,140 \rightarrow y = 380 \text{ euros}$$

$$x + 3y = 5\,240 \rightarrow x + 1\,140 = 5\,240 \rightarrow x = 4\,100 \text{ euros}$$

Antes de los descuentos, cada televisor costaba 4 100 €, y cada equipo de música, 380 €.

**3** _Resolución_

a) $f(t) = \dfrac{50t + 500}{t + 1}$

La población actual es $f(0) = 500$ individuos.

La población dentro de 9 años es:

$$f(9) = \dfrac{50 \cdot 9 + 500}{t + 1} = 95 \text{ individuos}$$

b) Para estudiar el crecimiento y decrecimiento de la función, utilizamos la derivada:

$$f'(t) = \dfrac{50(t + 1) - (50t + 500)}{(t + 1)^2} = \dfrac{-450}{(t + 1)^2} < 0 \text{ para todo } t$$

La población siempre disminuirá.

c) $\lim\limits_{x \to +\infty} \dfrac{50t + 500}{t + 1} = 50$

La población tenderá a estabilizarse en 50 individuos.

**4** *Resolución*

a) $\begin{cases} x - 2y + 3z = 3 \\ -x + y + 2z = 1 \\ 7x - 10y + z = a \end{cases} \to M' = \underbrace{\begin{pmatrix} 1 & -2 & 3 \\ -1 & 1 & 2 \\ 7 & -10 & 1 \end{pmatrix}}_{M} \left| \begin{matrix} 3 \\ 1 \\ a \end{matrix} \right.$

Como $|M| = \begin{vmatrix} 1 & -2 & 3 \\ -1 & 1 & 2 \\ 7 & -10 & 1 \end{vmatrix} = 0$, y $\begin{vmatrix} 1 & -2 \\ -1 & 1 \end{vmatrix} \neq 0$, entonces $ran(M) = 2$.

$\begin{vmatrix} 1 & -2 & 3 \\ -1 & 1 & 1 \\ 7 & -10 & a \end{vmatrix} = 5 - a = 0 \to a = 5$

- Si $a \neq 5 \to ran(M') = 3 \neq ran(M)$. El sistema es incompatible.

b) Si $a = 5 \to ran(M) = ran(M') = 2 <$ n.º de incógnitas. El sistema es compatible indeterminado.

Eliminamos la 3.ª ecuación y pasamos $z$ al 2.º miembro como parámetro:

$\begin{cases} x - 2y = 3 - 3z \\ -x + y = 1 - 2z \end{cases}$

Resolvemos por Cramer:

$x = \dfrac{\begin{vmatrix} 3 - 3z & -2 \\ 1 - 2z & 1 \end{vmatrix}}{\begin{vmatrix} 1 & -2 \\ -1 & 1 \end{vmatrix}} = \dfrac{5 - 7z}{-1} = 7z - 5$

$y = \dfrac{\begin{vmatrix} 1 & 3 - 3z \\ -1 & 1 - 2z \end{vmatrix}}{-1} = \dfrac{4 - 5z}{-1} = 5z - 4$

Soluciones: $\begin{cases} x = 7t - 5 \\ y = 5t - 4 \\ z = t \end{cases}$

Para hallar una solución entera, damos un valor al parámetro $t$, por ejemplo $t = 1$, y la solución obtenida es $x = 2$, $y = 1$, $z = 1$.

# PROBLEMAS

**5** *Resolución*

a)
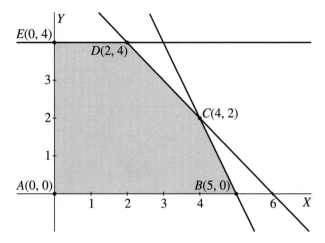

Recta $AB \to y = 0 \to$ inecuación $0 \le y$

Recta $AE \to x = 0 \to$ inecuación $0 \le x$

Recta $BC \to m = \dfrac{2-0}{4-5} = -2 \to y - 0 = -2(x-5) \to$

$\to y = -2x + 10 \to$ inecuación $y \le -2x + 10$

Recta $CD \to m = \dfrac{4-2}{2-4} = -1 \to y - 4 = -1(x-2) \to$

$\to y = -x + 6 \to$ inecuación $y \le -x + 6$

Recta $DE \to y = 4 \to$ inecuación $y \le 4$

El sistema de inecuaciones que determina la región es el siguiente:

$$\begin{cases} 0 \le x \\ 0 \le y \le 4 \\ y \le -2x + 10 \\ y \le -x + 6 \end{cases}$$

b) Para determinar el máximo, sustituiremos en $f_1(x, y) = x + y + 1$ los vértices de la región:

$f_1(0, 0) = 1 \quad f_1(5, 0) = 6 \quad f_1(4, 2) = 7$

$f_1(2, 4) = 7 \quad f_1(0, 4) = 5$

El valor máximo es 7, y se alcanza en todos los puntos del segmento $CD$.

c) $f_2(x, y) = ax + 2y + 3$

$\left. \begin{array}{l} f_2(4, 2) = 4a + 4 + 3 = 4a + 7 \\ f_2(5, 0) = 5a + 3 \end{array} \right\} \rightarrow 4a + 7 = 5a + 3 \rightarrow a = 4$

d) $f_2(4, 2) = 4a + 7 \qquad f_2(0, 0) = 3 \qquad f_2(5, 0) = 5a + 3$

$f_2(2, 4) = 2a + 11 \qquad f_2(0, 4) = 11$

Para que (4, 2) sea el único punto en el que se alcance el máximo, se tiene que cumplir:

$\left. \begin{array}{l} 4a + 7 > 5a + 3 \rightarrow -a > -4 \rightarrow a < 4 \\ 4a + 7 > 2a + 11 \rightarrow 2a > 4 \rightarrow a > 2 \end{array} \right\} \rightarrow 2 < a < 4$

**6** *Resolución*

a) $x$ = n.º de veces que se aumenta en 10 € el precio de cada unidad

Beneficio = ingresos – costes

Ingresos = precio de venta por unidad × n.º de unidades

Costes = precio de coste por unidad × n.º de unidades

$I(x) = \underbrace{(150 + 10x)}_{\substack{\text{precio} \\ \text{de venta}}} \cdot \underbrace{(500 - 20x)}_{\substack{\text{n.º de unidades} \\ \text{vendidas}}}$

$C(x) = 120(500 - 20x)$

$B(x) = (150 + 10x) \cdot (500 - 20x) - 120(500 - 20x) =$

$= (150 + 10x - 120) \cdot (500 - 20x) = (30 + 10x) \cdot (500 - 20x) =$

$= -200x^2 + 4400x + 15000$

b) Para obtener el beneficio máximo, derivamos e igualamos a cero:

$B'(x) = -400x + 4400 = 0 \rightarrow x = \dfrac{4400}{400} = 11$

El precio por unidad ha de ser:

$p = 150 + 10 \cdot 11 = 150 + 110 = 260$ euros

c) El número de unidades vendidas será:

$500 - 20x = 500 - 20 \cdot 11 = 500 - 220 = 280$ unidades

El beneficio máximo será:

$B(11) = -200 \cdot 11^2 + 4400 \cdot 11 + 15000 = 39200$ euros

# PRUEBA DE SELECTIVIDAD

## ACLARACIONES PREVIAS

*Se elegirán TRES de los cuatro bloques y se contestará UN problema de cada uno de los bloques. LOS TRES PROBLEMAS PUNTÚAN POR IGUAL.*

*Cada estudiante podrá disponer de una calculadora científica o gráfica para realizar el examen. Se prohíbe su utilización indebida (para guardar fórmulas en memoria).*

*Todas las respuestas han de ser debidamente razonadas.*

### BLOQUE A

**1** Un frutero quiere liquidar 500 kg de naranjas, 400 kg de manzanas y 230 kg de peras. Para ello, prepara dos bolsas de fruta de oferta: la bolsa A consta de 1 kg de naranjas y 2 kg de manzanas y la bolsa B consta de 2 kg de naranjas, 1 kg de manzanas y 1 kg de peras. Por cada bolsa del tipo A obtiene un beneficio de 2,5 euros, y 3 euros, por cada una del tipo B. Suponiendo que vende todas las bolsas, ¿cuántas bolsas de cada tipo debe preparar para maximizar sus ganancias? ¿Cuál es el beneficio máximo?

**2** Resuelve el sistema:

$$\begin{cases} x + y - z = 2 \\ 2x + z = 3 \\ x + 5y - 7z = 4 \end{cases}$$

Si $(x, y, 0)$ es una solución del sistema anterior, ¿cuáles son los valores de $x$ y de $y$?

## BLOQUE B

**1** Dada la siguiente función:

$$f(x) = \begin{cases} -x & x < -1 \\ x - 1 & -1 \leq x < 4 \\ x^2 - 2x - 6 & 4 \leq x < 6 \end{cases}$$

a) Estudia la continuidad de la función $f(x)$ en el intervalo $(-2, 6)$.

b) Calcula el área de la región del plano limitada por $y = f(x)$ y por las rectas $y = 0$, $x = 1$ y $x = 5$.

**2** Dada la función $f(x) = x^3 - 6x$, se pide:

a) Su dominio y puntos de corte con los ejes coordenados.

b) Ecuación de sus asíntotas verticales y horizontales.

c) Intervalos de crecimiento y decrecimiento.

d) Máximos y mínimos locales.

e) Representación gráfica a partir de la información de los apartados anteriores.

## BLOQUE C

**1** Al 20% de los alumnos de 2.º de Bachillerato le gusta un grupo musical A, mientras que al 80% restante no le gusta este grupo. En cambio, otro grupo musical B gusta a la mitad y no a la otra mitad. Hay un 30% de alumnos de 2.º de Bachillerato al que no le gusta ninguno de los dos grupos. Si se elige un estudiante de 2.º de Bachillerato al azar:

a) ¿Cuál es la probabilidad de que gusten los dos grupos?

b) ¿Cuál es la probabilidad de que guste alguno de los dos grupos?

c) ¿Cuál es la probabilidad de que guste el grupo B y no el grupo A?

**2** El 52% de los habitantes en edad de votar de cierto municipio son hombres. Los resultados de un sondeo electoral determinan que el 70% de las mujeres opina que va a ganar el candidato A, mientras que el 35% de los hombres cree que ganará el candidato B. Si todos los habitantes han optado por un candidato, contesta a las siguientes preguntas:

a) Si hemos preguntado a una persona que cree que ganará B, ¿cuál es la probabilidad de que sea mujer?

b) ¿Cuál es la probabilidad de que una persona seleccionada al azar sea mujer o crea que va a ganar el candidato A?

## BLOQUE D

**1** El rendimiento de cierto producto en función del tiempo de uso (medido en años) viene dado por la expresión:

$$f(x) = 8{,}5 + \frac{3x}{1+x^2}, \quad x \geq 0$$

a) ¿Existen intervalos de tiempo en los que el rendimiento crece? ¿Y en los que decrece? ¿Cuáles son?

b) ¿En qué punto se alcanza el rendimiento máximo? ¿Cuánto vale este?

c) Por mucho que pase el tiempo, ¿puede llegar a ser el rendimiento inferior al rendimiento que el producto tenía inicialmente? ¿Por qué?

**2** Dada la función $f(x) = x^3 - 12x + 7$, se pide:

a) Halla sus máximos y mínimos relativos.

b) Halla sus máximos y mínimos absolutos en el intervalo $[-3, 3]$.

c) Halla sus máximos y mínimos absolutos en el intervalo $[-4, 4]$.

d) Halla sus máximos y mínimos absolutos en el intervalo $[-5, 5]$.

*Comunidad Valenciana. Junio, 2009*

# SOLUCIÓN DE LA PRUEBA — Comunidad Valenciana

## BLOQUE A

**1** *Resolución*

Se trata de un problema de programación lineal.

$x$ = n.º de bolsas de tipo A

$y$ = n.º de bolsas de tipo B

|  | A | B | DISPONIBLE |
|---|---|---|---|
| NARANJAS | 1 | 2 | 500 |
| MANZANAS | 2 | 1 | 400 |
| PERAS | 0 | 1 | 230 |
| BENEFICIO | 2,5 | 3 |  |

Restricciones:

$$\begin{cases} x + 2y \leq 500 \;\rightarrow\; y \leq \dfrac{500-x}{2} \\ 2x + y \leq 400 \;\rightarrow\; y \leq 400 - 2x \\ 0 \leq y \leq 230 \\ x \geq 0 \end{cases}$$

La región factible es la zona sombreada:

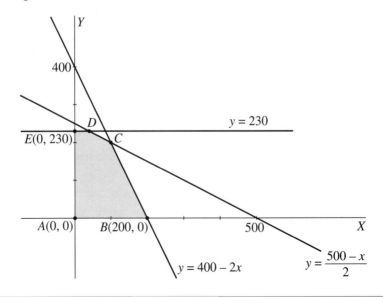

- Cálculo del vértice $C$:

$$\left. \begin{array}{l} y = \dfrac{500-x}{2} \\ y = 400 - 2x \end{array} \right\} \to \dfrac{500-x}{2} = 400 - 2x \to 500 - x = 800 - 4x \to$$
$$\to 3x = 300 \to x = 100 \to C = (100, 200)$$

- Cálculo del vértice $D$:

$$\left. \begin{array}{l} y = \dfrac{500-x}{2} \\ y = 230 \end{array} \right\} \to \dfrac{500-x}{2} = 230 \to 500 - x = 460 \to x = 40 \to$$
$$\to D = (40, 230)$$

Para obtener el beneficio máximo, sustituimos los vértices de la región factible en la función objetivo $F(x, y) = 2{,}5x + 3y$:

$F(0, 0) = 0$  $\qquad$  $F(200, 0) = 500$  $\qquad$  $F(100, 200) = 850$

$F(40, 230) = 790$  $\qquad$  $F(0, 230) = 690$

El beneficio máximo es de 850 euros, y se obtiene preparando 100 bolsas del tipo A y 200 bolsas del tipo B.

**2** *Resolución*

$$\begin{cases} x + y - z = 2 \\ 2x + z = 3 \\ x + 5y - 7z = 4 \end{cases} \to M' = \begin{pmatrix} 1 & 1 & -1 & \vdots & 2 \\ 2 & 0 & 1 & \vdots & 3 \\ 1 & 5 & -7 & \vdots & 4 \end{pmatrix}$$
$$\underbrace{\phantom{\begin{pmatrix} 1 & 1 & -1 \\ 2 & 0 & 1 \\ 1 & 5 & -7 \end{pmatrix}}}_{M}$$

Como $|M| = \begin{vmatrix} 1 & 1 & -1 \\ 2 & 0 & 1 \\ 1 & 5 & -7 \end{vmatrix} = 0$, y $\begin{vmatrix} 1 & 1 \\ 2 & 0 \end{vmatrix} \neq 0$, entonces $ran(M) = 2$.

$\begin{vmatrix} 1 & 2 & 2 \\ 2 & 0 & 3 \\ 1 & 5 & 4 \end{vmatrix} = 0 \to ran(M') = 2$

Por tanto, $ran(M) = ran(M') = 2 <$ n.° de incógnitas. El sistema es compatible indeterminado.

Eliminamos la 3.ª ecuación por ser combinación lineal de las otras dos:

$$\begin{cases} x + y - z = 2 \\ 2x + z = 3 \end{cases}$$

Pasamos $z$ al 2.° miembro como parámetro y resolvemos por Cramer:

$$\begin{cases} x + y = 2 + z \\ 2x = 3 - z \end{cases}$$

$$x = \frac{\begin{vmatrix} 2+z & 1 \\ 3-z & 0 \end{vmatrix}}{\begin{vmatrix} 1 & 1 \\ 2 & 0 \end{vmatrix}} = \frac{-3+z}{-2} = \frac{3-z}{2}$$

$$y = \frac{\begin{vmatrix} 1 & 2+z \\ 2 & 3-z \end{vmatrix}}{-2} = \frac{-1-3z}{-2} = \frac{1+3z}{2}$$

Soluciones: $\begin{cases} x = \dfrac{3-t}{2} \\ y = \dfrac{1+3t}{2} \\ z = t \end{cases}$

Si $(x, y, 0)$ es una solución del sistema, $t = 0 \rightarrow x = \dfrac{3}{2},\ y = \dfrac{1}{2}$

## BLOQUE B

**1** *Resolución*

a) $f(x) = \begin{cases} -x & x < -1 \\ x-1 & -1 \leq x < 4 \\ x^2 - 2x - 6 & 4 \leq x < 6 \end{cases}$

Las funciones parciales que forman $f(x)$ son continuas por ser polinómicas. Solo hay que estudiar la continuidad en $x = -1$ y en $x = 4$:

- $\lim\limits_{x \to -1^-} f(x) = \lim\limits_{x \to -1} (-x) = 1$

  $\lim\limits_{x \to -1^+} f(x) = \lim\limits_{x \to -1} (x-1) = -2$

  Como $\lim\limits_{x \to -1^-} f(x) \neq \lim\limits_{x \to -1^+} f(x)$, la función $f(x)$ presenta una discontinuidad de salto finito en $x = -1$.

- $\lim\limits_{x \to 4^-} f(x) = \lim\limits_{x \to 4} (x-1) = 3$

  $\lim\limits_{x \to 4^+} f(x) = \lim\limits_{x \to 4} (x^2 - 2x - 6) = 2$

  Como $\lim\limits_{x \to 4^-} f(x) \neq \lim\limits_{x \to 4^+} f(x)$, la función $f(x)$ presenta una discontinuidad de salto finito en $x = 4$.

b) Dibujamos la gráfica de $f(x)$:

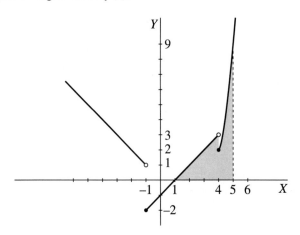

Hay que hallar el área de la zona sombreada:

$$A = \int_1^4 (x-1)\,dx + \int_4^5 (x^2 - 2x - 6)\,dx = \left[\frac{x^2}{2} - x\right]_1^4 + \left[\frac{x^3}{3} - x^2 - 6x\right]_4^5 =$$

$$= (8-4) - \left(\frac{1}{2} - 1\right) + \left(\frac{125}{3} - 25 - 30\right) - \left(\frac{64}{3} - 16 - 24\right) = \frac{59}{6}\ u^2$$

**2** *Resolución*

$f(x) = x^3 - 6x$

a) Dominio de $f(x) = \mathbb{R}$, por ser una función polinómica.

- Cortes con el eje $OX$:

$y = 0 \rightarrow x^3 - 6x = x(x^2 - 6) = 0 \begin{cases} x = 0 \\ x = \pm\sqrt{6} \end{cases}$

Los puntos de corte serán $(0, 0)$, $(-\sqrt{6}, 0)$, $(\sqrt{6}, 0)$.

- Corte con el eje $OY$: $x = 0 \rightarrow (0, 0)$

b) La función no tiene asíntotas por ser polinómica.

c) $f'(x) = 3x^2 - 6 = 0 \rightarrow x^2 = 2 \rightarrow x = \pm\sqrt{2}$

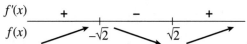

$f(x)$ crece en $(-\infty, -\sqrt{2}) \cup (\sqrt{2}, +\infty)$, y decrece en $(-\sqrt{2}, \sqrt{2})$.

d) Hay un mínimo relativo en $(\sqrt{2}, -4\sqrt{2})$ y un máximo relativo en $(-\sqrt{2}, 4\sqrt{2})$.

e)

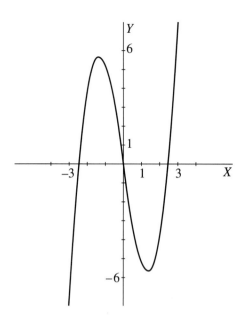

## BLOQUE C

**1** *Resolución*

Sean los sucesos:

$A$ = "Les gusta el grupo A"

$B$ = "Les gusta el grupo B"

$P[A] = 0{,}2;\ P[\bar{A}] = 0{,}8$

$P[B] = 0{,}5;\ P[\bar{B}] = 0{,}5;$

$P[\overline{A \cup B}] = 0{,}3$

a) $P[A \cup B] = 1 - P[\overline{A \cup B}] = 0{,}7$

b) $P[A \cup B] = P[A] + P[B] - P[A \cap B] \rightarrow$

$\rightarrow 0{,}7 = 0{,}2 + 0{,}5 - P[A \cap B] \rightarrow P[A \cap B] = 0$

No hay alumnos a los que les gusten los dos grupos.

c) $P[A \cap \bar{B}] = P[B] = 0{,}5$ ya que $B \cap \bar{A} = B$.

La situación se puede expresar con el siguiente diagrama:

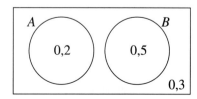

## 2. *Resolución*

Para resolver el problema, utilizamos el siguiente diagrama en árbol:

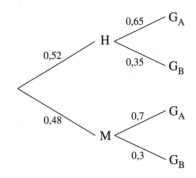

a) $P[M/G_B] = \dfrac{0{,}48 \cdot 0{,}3}{0{,}52 \cdot 0{,}35 + 0{,}48 \cdot 0{,}3} = \dfrac{0{,}144}{0{,}326} = 0{,}44$

b) $P[M \cup G_A] = P[M] + P[H \cap G_A] = 0{,}48 + 0{,}52 \cdot 0{,}65 = 0{,}818$

Este apartado también se puede resolver de la siguiente manera:

$$P[M \cup G_A] = 1 - P[\overline{M \cup G_A}] = 1 - P[H \cap G_B] =$$
$$= 1 - 0{,}52 \cdot 0{,}35 = 0{,}818$$

## BLOQUE D

### 1. *Resolución*

a) $f(x) = 8{,}5 + \dfrac{3x}{1 + x^2}, \quad x \geq 0$

Para estudiar el crecimiento de $f(x)$, utilizamos la derivada:

$$f'(x) = \dfrac{3(1 + x^2) - 3x \cdot 2x}{(1 + x^2)^2} = \dfrac{3 - 3x^2}{(1 + x^2)^2} = \dfrac{3(1 - x)(1 + x)}{(1 + x^2)^2} \to$$

$$\to f'(x) = 0 \begin{cases} x = 1 \\ x = -1, \text{ no válida} \end{cases}$$

```
f'(x)  |      +       |      −
f(x)   0 ───────▶   1 ───────▶
```

El rendimiento crece en el primer año y decrece a partir de entonces.

b) El rendimiento máximo se alcanza cuando se cumple el primer año, y asciende a $f(1) = 10$.

c) $f(0) = 8,5$

$$\lim_{x \to +\infty} \left(8,5 + \frac{3x}{1 + x^2}\right) = 8,5 + 0 = 8,5$$

Como $\lim_{x \to +\infty} f(x) = f(0)$, por mucho que pase el tiempo, nunca llegará a ser el rendimiento inferior al inicial.

## 2 *Resolución*

$f(x) = x^3 - 12x + 7$

a) Para hallar los máximos y mínimos relativos, derivamos e igualamos a cero:

$f'(x) = 3x^2 - 12 = 0 \rightarrow x^2 = 4 \rightarrow x = \pm 2$

$f''(x) = 6x \rightarrow \begin{cases} f''(2) = 12 > 0, & \text{mínimo relativo en } (2, -9) \\ f''(-2) = -12 < 0, & \text{máximo relativo en } (-2, 23) \end{cases}$

b) Como $f(x)$ es una función continua, en un intervalo cerrado alcanza el máximo y el mínimo absolutos, o bien en los máximos y mínimos relativos, o bien en los extremos del intervalo.

$f(-3) = 16$; $f(3) = -2$

$2 \in [-3, 3] \rightarrow f(2) = -9$

$-2 \in [-3, 3] \rightarrow f(-2) = 23$

El máximo absoluto de $f(x)$ en $[-3, 3]$ es 23, y el mínimo, $-9$. Se alcanzan en los extremos relativos.

c) $f(-4) = -9$; $f(4) = 23$

$2 \in [-3, 3] \rightarrow f(2) = -9$

$-2 \in [-3, 3] \rightarrow f(-2) = 23$

En $[-4, 4]$, el valor máximo de $f(x)$ es 23, y el mínimo, $-9$. Estos valores se alcanzan en dos puntos cada uno:

$$(-2, 23) \text{ y } (4, 23); (2, -9) \text{ y } (-4, -9)$$

d) $f(-5) = -58$; $f(5) = 72$

$2 \in [-3, 3] \rightarrow f(2) = -9$

$-2 \in [-3, 3] \rightarrow f(-2) = 23$

En $[-5, 5]$, el máximo absoluto de $f(x)$ es 72 y se alcanza en $x = 5$. El mínimo absoluto es $-58$ y se alcanza en $x = -5$.

# PRUEBA DE SELECTIVIDAD

## ACLARACIONES PREVIAS

*Elegir una opción entre las dos que se proponen a continuación.*
*Calificación máxima de la prueba: 10 puntos.*
*Problema 1: de 0 a 3,5 puntos; Problema 2: de 0 a 3 puntos; Problema 3: de 0 a 3,5 puntos.*

### OPCIÓN A

**1** Una empresa de ocio y tiempo libre organiza cada verano dos tipos de actividades (de playa y de montaña). Para cada actividad de playa necesita 1 monitor y 3 acompañantes y para cada actividad de montaña necesita 2 monitores y 2 acompañantes. El beneficio obtenido por cada actividad de playa es de 800 euros y por cada actividad de montaña es de 900 euros. Si solo dispone de 50 monitores y 90 acompañantes y como máximo puede organizar 20 actividades de montaña, determinar justificando la respuesta:

a) El número de actividades de cada tipo que debe organizar dicha empresa con objeto de obtener unos beneficios máximos.

b) El valor de dichos beneficios máximos.

**2** La velocidad de cierto cohete, en función del tiempo $t$ (en segundos) transcurrido desde su lanzamiento, tiene el siguiente comportamiento: Durante los primeros 20 segundos aumenta de acuerdo con la función $At$, a los 20 segundos alcanza la velocidad máxima de 100 metros por segundo, a partir de dicho instante, decrece de acuerdo con la función $B + Ct$ hasta que a los 60 segundos de su lanzamiento cae al suelo y queda parado.

a) Determinar los valores de $A$, $B$ y $C$. Justificar la respuesta.

b) Representar gráficamente el comportamiento de la velocidad de dicho cohete durante los 60 segundos transcurridos entre su lanzamiento y su parada.

**3** Se ha comprobado que el peso (en kilogramos) de los recién nacidos en cierta población se distribuye según un modelo normal de probabilidad. A partir de una muestra aleatoria de 64 recién nacidos en esa población, se ha determinado un peso medio de 3,1 kilogramos y una varianza de 0,81 kilogramos$^2$. ¿Podríamos rechazar la hipótesis, con un nivel de significación del 1%, de que el peso medio de un recién nacido en esa población es de 3 kilogramos? Justificar la respuesta.

## OPCIÓN B

**1** Dadas las matrices:

$$A = \begin{pmatrix} 2 & 1 & 1 \\ 0 & -1 & 1 \end{pmatrix}, \quad B = \begin{pmatrix} -1 & 1 \\ 2 & 0 \\ 3 & -1 \end{pmatrix} \quad y \quad C = \begin{pmatrix} 2 & -1 \\ 0 & 1 \end{pmatrix}$$

Determinar la matriz $X$ que verifica la ecuación $A \cdot B \cdot X = C \cdot X + I$ siendo $I = \begin{pmatrix} 1 & 0 \\ 0 & 1 \end{pmatrix}$. Justificar la respuesta.

**2** El número de usuarios del transporte público en cierta ciudad varía a lo largo del primer semestre del año de acuerdo con la función:

$$N(t) = 1\,800t^3 - 18\,900t^2 + 54\,000t, \quad 1 \leq t \leq 6$$

donde $N(t)$ representa el número de usuarios en el mes $t$ del primer semestre.

Determinar justificando la respuesta:

a) Los meses de mayor y de menor número de usuarios en el primer semestre.

b) Los valores máximo y mínimo de usuarios en dicho semestre.

c) El número total de usuarios que han utilizado el transporte público en esa ciudad durante el primer semestre.

**3** Un joyero compra los relojes a dos casas comerciales (A y B). La casa A le proporciona el 40% de los relojes, resultando defectuosos un 3% de ellos. La casa B le suministra el resto de los relojes, resultando defectuosos un 1% de ellos. Cierto día, al vender un reloj, el joyero observa que está defectuoso. Determinar la probabilidad de que dicho reloj proceda de la casa comercial B. Justificar la respuesta.

*Extremadura. Junio, 2009*

# SOLUCIÓN DE LA PRUEBA

Extremadura

## OPCIÓN A

**1** *Resolución*

Se trata de un problema de programación lineal.

$x$ = n.º de actividades de playa

$y$ = n.º de actividades de montaña

|  | PLAYA | MONTAÑA | DISPONIBLE |
|---|---|---|---|
| MONITORES | 1 | 2 | 50 |
| ACOMPAÑANTES | 3 | 2 | 90 |
| BENEFICIO | 800 | 900 | |

Restricciones:

$$\begin{cases} x + 2y \leq 50 \;\rightarrow\; y \leq \dfrac{50 - x}{2} \\ 3x + 2y \leq 90 \;\rightarrow\; y \leq \dfrac{90 - 3x}{2} \\ 0 \leq y \leq 20 \\ x \geq 0 \end{cases}$$

La región factible es la zona sombreada:

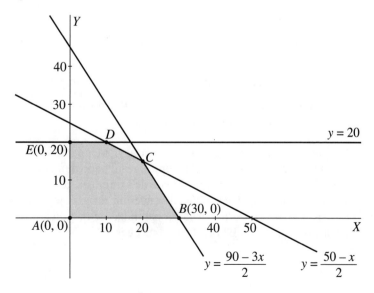

- Cálculo del vértice $C$:

$$\left. \begin{array}{l} y = \dfrac{50-x}{2} \\ y = \dfrac{90-3x}{2} \end{array} \right\} \rightarrow \dfrac{50-x}{2} = \dfrac{90-3x}{2} \rightarrow 50 - x = 90 - 3x \rightarrow$$
$$\rightarrow 2x = 40 \rightarrow x = 20 \rightarrow C = (20, 15)$$

- Cálculo del vértice $D$:

$$\left. \begin{array}{l} y = \dfrac{50-x}{2} \\ y = 20 \end{array} \right\} \rightarrow \dfrac{50-x}{2} = 20 \rightarrow 50 - x = 40 \rightarrow x = 10 \rightarrow$$
$$\rightarrow D = (10, 20)$$

La función objetivo a maximizar es $F(x, y) = 800x + 900y$.

Para obtener el beneficio máximo, sustituimos los vértices de la región factible en la función objetivo:

$F(0, 0) = 0$ $\qquad\qquad F(30, 0) = 24\,000$ $\qquad F(20, 15) = 29\,500$

$F(10, 20) = 26\,000$ $\qquad F(0, 20) = 18\,000$

El beneficio máximo asciende a 29 500 euros, y se obtiene organizando 20 actividades de playa y 15 actividades de montaña.

**2** *Resolución*

a) $f(t) = \begin{cases} At & 0 \leq t < 20 \\ 100 & t = 20 \\ B + Ct & 20 < t < 60 \\ 0 & t \geq 60 \end{cases}$

La velocidad del cohete tiene que ser una función continua. Por tanto, debe verificarse lo siguiente:

$$\lim_{t \to 20^-} f(t) = \lim_{t \to 20^+} f(t) = f(20) = 100 \rightarrow \begin{cases} 20A = 100 \rightarrow A = 5 \\ B + 20C = 100 \quad (1) \end{cases}$$

$$\lim_{t \to 60^-} f(t) = f(60) = 0 \rightarrow B + 60C = 0 \quad (2)$$

Resolvemos el sistema formado por (1) y (2):

$$\begin{cases} B + 20C = 100 \\ B + 60C = 0 \end{cases} \rightarrow \begin{cases} B + 20C = 100 \\ -B - 60C = 0 \end{cases}$$
$$\overline{\phantom{aaaaaaaaaaaaaaaa}}$$
$$-40C = 100 \rightarrow C = -\dfrac{5}{2}$$

$B = -60C \rightarrow B = 150$

b) $f(t) = \begin{cases} 5t & 0 \leq t \leq 20 \\ 150 - \dfrac{5}{2}t & 20 < t \leq 60 \end{cases}$

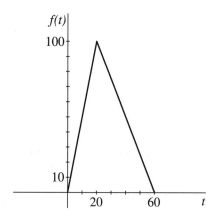

## 3  *Resolución*

Se trata de un contraste de hipótesis bilateral para la media.

$H_0: \mu = 3$

$H_1: \mu \neq 3$

A un nivel de significación $\alpha = 1\%$ le corresponde un $z_{\alpha/2} = 2{,}575$:

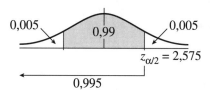

La zona de aceptación tiene la forma:

$$\left(\mu - z_{x/2} \cdot \frac{\sigma}{\sqrt{n}},\ \mu + z_{x/2} \cdot \frac{\sigma}{\sqrt{n}}\right)$$

Como $\sigma^2 = 0{,}81 \rightarrow \sigma = 0{,}9$. En este caso:

$$\left(3 - 2{,}575 \cdot \frac{0{,}9}{\sqrt{64}};\ 3 + 2{,}575 \cdot \frac{0{,}9}{\sqrt{64}}\right) = (2{,}71;\ 3{,}29)$$

Como la media muestral, $\bar{x} = 3{,}1$, pertenece a la zona de aceptación, se acepta la hipótesis nula $H_0$. Es decir, no podemos rechazar la hipótesis, con un nivel de significación del 1%, de que el peso medio de un recién nacido es de 3 kg.

## OPCIÓN B

**1** *Resolución*

$ABX = CX + I \rightarrow ABX - CX = I \rightarrow (AB - C)X = I \rightarrow$
$\rightarrow X = (AB - C)^{-1}I \rightarrow X = (AB - C)^{-1}$

$$AB = \begin{pmatrix} 2 & 1 & 1 \\ 0 & -1 & 1 \end{pmatrix} \begin{pmatrix} -1 & 1 \\ 2 & 0 \\ 3 & -1 \end{pmatrix} = \begin{pmatrix} 3 & 1 \\ 1 & -1 \end{pmatrix}$$

$$AB - C = \begin{pmatrix} 3 & 1 \\ 1 & -1 \end{pmatrix} - \begin{pmatrix} 2 & -1 \\ 0 & 1 \end{pmatrix} = \begin{pmatrix} 1 & 2 \\ 1 & -2 \end{pmatrix}$$

Llamemos $D = \begin{pmatrix} 1 & 2 \\ 1 & -2 \end{pmatrix}$. Entonces tenemos que $|D| = -4$; y los adjuntos serán $D_{11} = -2$, $D_{12} = -1$, $D_{21} = -2$, $D_{22} = 1$. Por tanto:

$$X = D^{-1} = \frac{[Adj(D)]^t}{|D|} = \frac{-1}{4}\begin{pmatrix} -2 & -2 \\ -1 & 1 \end{pmatrix} = \begin{pmatrix} 1/2 & 1/2 \\ 1/4 & -1/4 \end{pmatrix}$$

**2** *Resolución*

$N(t) = 1\,800t^3 - 18\,900t^2 + 54\,000t$, $1 \leq t \leq 6$

$N(t)$ es una función discreta; es decir, $t$ solo puede tomar valores enteros.

a) $N(1) = 36\,900$; $N(2) = 46\,800$; $N(3) = 40\,500$

$N(4) = 28\,800$; $N(5) = 22\,500$; $N(6) = 32\,400$

El mayor número de usuarios se alcanza en el 2.º mes; y el menor, en el 5.º mes.

b) El mayor número de usuarios asciende a 46 800; y el menor, a 22 500.

c) El número de usuarios en el primer semestre será la suma de los usuarios de los seis meses, es decir, 207 900.

**3** *Resolución*

Para resolver el problema, utilizamos el siguiente diagrama en árbol:

$$P[B/D] = \frac{0{,}6 \cdot 0{,}01}{0{,}4 \cdot 0{,}03 + 0{,}6 \cdot 0{,}01} = \frac{0{,}006}{0{,}018} = \frac{1}{3}$$

Ramas: 0,4 → A (0,03 → D; 0,97 → $\bar{D}$); 0,6 → B (0,01 → D; 0,99 → $\bar{D}$)

## PRUEBA DE SELECTIVIDAD

### ACLARACIONES PREVIAS

*El alumno debe resolver solo un ejercicio de cada uno de los tres bloques temáticos.*

### BLOQUE DE ÁLGEBRA

**Puntuación máxima 3 puntos**

**1** Sean las matrices:

$$A = \begin{pmatrix} 1 & 0 & 0 \\ -1 & 1 & 0 \\ -1 & 0 & 1 \end{pmatrix}, \quad B = \begin{pmatrix} 1 \\ 1 \\ 0 \end{pmatrix}, \quad C = \begin{pmatrix} -1 \\ 1 \\ -2 \end{pmatrix}, \quad D = \begin{pmatrix} -1 \\ 1 \\ -5 \end{pmatrix}, \quad E = \begin{pmatrix} 2 \\ 7 \\ 4 \end{pmatrix}$$

Calcula los valores de los números reales $x$, $y$, $z$ para que se verifique la siguiente igualdad entre matrices:

$$x \cdot A^{-1} \cdot B = E + y \cdot C + z \cdot D$$

**2** Una compañía química diseña dos posibles tipos de cámaras de reacción que incluirán en una planta para producir dos tipos de polímeros $P_1$ y $P_2$. Una planta debe tener una capacidad de producción de, por lo menos, 100 unidades de $P_1$ y, por lo menos, 420 unidades de $P_2$ cada día. Cada cámara de tipo $A$ cuesta 600 000 euros y es capaz de producir 10 unidades de $P_1$ y 20 unidades de $P_2$ por día; una cámara de tipo $B$ tiene un diseño más económico, cuesta 300 000 euros, y es capaz de producir 4 unidades de $P_1$ y 30 unidades de $P_2$ por día. Debido al proceso de diseño, es necesario tener por lo menos 4 cámaras de cada tipo en una planta. ¿Cuántas cámaras de cada tipo deben incluirse para minimizar el gasto satisfaciendo el programa de producción requerido? Formula el sistema de inecuaciones asociado al problema. Representa la región factible y calcula sus vértices.

## BLOQUE DE ANÁLISIS

**Puntuación máxima 3,5 puntos**

**1** Se estima que el número de beneficiarios, $n$ (en miles), de un programa de ayuda durante los próximos $t$ años se ajusta a la función:

$$n(t) = \frac{1}{3}t^3 - \frac{9}{2}t^2 + 18t, \quad 0 \leq t \leq 9$$

a) Representa la gráfica de la función, estudiando intervalos de crecimiento y de decrecimiento, máximos y mínimos (absolutos y relativos) y puntos de inflexión. ¿En qué año será máximo el número de beneficiarios?

¿Cuál es ese número?

b) Un segundo programa para el mismo tipo de ayuda estima que, para los próximos $t$ años, el número de beneficiarios (en miles) será:

$$m(t) = \frac{9}{2}t, \quad 0 \leq t \leq 9$$

¿En algún año el número de beneficiarios será el mismo con ambos programas?

¿En qué intervalo de tiempo el primer programa beneficiará a más personas que el segundo?

**2** Un modelo para los gastos de almacenamiento y envío de materiales para un proceso de manufactura viene dado por la función:

$$C(x) = 100\left(100 + 9x + \frac{144}{x}\right), \quad 1 \leq x \leq 100$$

siendo $C(x)$ el coste total (en euros) de almacenamiento y transporte de una carga $x$ (en toneladas) de material.

a) Calcula el coste total para una carga de una tonelada y para una carga de 100 toneladas de material.

b) ¿Qué cantidad $x$ de toneladas de material produce un gasto total mínimo?

c) Si se decide no admitir gastos de almacenamiento y envío superiores o iguales a 75 000 euros, ¿hasta qué carga de material podrían mover?

## BLOQUE DE ESTADÍSTICA

### Puntuación máxima 3,5 puntos

**1** La tabla siguiente muestra el número de defunciones por grupo de edad y sexo en una muestra de 500 fallecimientos de cierta región:

|  | GRUPO DE EDADES (años) | | | |
|---|---|---|---|---|
|  | 0 - 10 (*D*) | 11 - 30 (*T*) | 31 - 50 (*C*) | Mayor de 50 (*V*) |
| Hombres (*H*) | 200 | 20 | 25 | 60 |
| Mujeres (*M*) | 120 | 15 | 20 | 40 |

a) Describe cada uno de los siguientes sucesos y calcula sus probabilidades:

  i) $H \cup T$   ii) $M \cap (T \cup V)$   iii) $\overline{T} \cap \overline{H}$

b) Calcula el porcentaje de fallecimientos con respecto al sexo.

c) En el rango de edad de más de 50 años, ¿cuál es el porcentaje de hombres fallecidos?

¿Es mayor o menor que el de mujeres en ese mismo rango de edad?

**2** a) La renta anual por familia para los residentes de un gran barrio sigue una distribución $N(\mu, \sigma)$, siendo la renta media anual por familia, $\mu$, 20 000 euros. Conocemos que, de cada 100 familias seleccionadas dentro de ese barrio, 67 tienen una renta anual inferior a 20 660 euros. ¿Cuál es entonces el valor de la desviación típica $\sigma$?

b) Si la renta anual por familia sigue una distribución $N(20\,000, 1\,500)$, calcula el porcentaje de muestras de 36 familias cuya renta media anual supera los 19 500 euros.

c) ¿Qué número de familias tendríamos que seleccionar, como mínimo, para garantizar, con un 99% de confianza, una estimación de renta media anual por familia para todo el barrio, con un error no superior a 300 euros?

*Galicia. Junio, 2009*

# SOLUCIÓN DE LA PRUEBA

## BLOQUE DE ÁLGEBRA

**1** *Resolución*

$$A = \begin{pmatrix} 1 & 0 & 0 \\ -1 & 1 & 0 \\ -1 & 0 & 1 \end{pmatrix}, \quad |A| = 1$$

$A_{11} = \begin{vmatrix} 1 & 0 \\ 0 & 1 \end{vmatrix} = 1; \qquad A_{12} = -\begin{vmatrix} -1 & 0 \\ -1 & 1 \end{vmatrix} = 1; \qquad A_{13} = \begin{vmatrix} -1 & 1 \\ -1 & 0 \end{vmatrix} = 1$

$A_{21} = -\begin{vmatrix} 0 & 0 \\ 0 & 1 \end{vmatrix} = 0; \qquad A_{22} = \begin{vmatrix} 1 & 0 \\ -1 & 1 \end{vmatrix} = 1; \qquad A_{23} = -\begin{vmatrix} 1 & 0 \\ -1 & 0 \end{vmatrix} = 0$

$A_{31} = \begin{vmatrix} 0 & 0 \\ 1 & 0 \end{vmatrix} = 0; \qquad A_{32} = -\begin{vmatrix} 1 & 0 \\ -1 & 0 \end{vmatrix} = 0; \qquad A_{33} = \begin{vmatrix} 1 & 0 \\ -1 & 1 \end{vmatrix} = 1$

$$A^{-1} = \frac{[Adj(A)]^t}{|A|} = \begin{pmatrix} 1 & 0 & 0 \\ 1 & 1 & 0 \\ 1 & 0 & 1 \end{pmatrix}$$

$$A^{-1} \cdot B = \begin{pmatrix} 1 & 0 & 0 \\ 1 & 1 & 0 \\ 1 & 0 & 1 \end{pmatrix} \cdot \begin{pmatrix} 1 \\ 1 \\ 0 \end{pmatrix} = \begin{pmatrix} 1 \\ 2 \\ 1 \end{pmatrix}$$

$$x \begin{pmatrix} 1 \\ 2 \\ 1 \end{pmatrix} = \begin{pmatrix} 2 \\ 7 \\ 4 \end{pmatrix} + y \begin{pmatrix} -1 \\ 1 \\ -2 \end{pmatrix} + z \begin{pmatrix} -1 \\ 1 \\ -5 \end{pmatrix}$$

Igualando término a término, obtenemos este sistema:

$$\begin{cases} x = 2 - y - z \\ 2x = 7 + y + z \\ x = 4 - 2y - 5z \end{cases} \rightarrow \begin{cases} x + y + z = 2 \\ 2x - y - z = 7 \\ x + 2y + 5z = 4 \end{cases}$$

Resolvemos por el método de Gauss:

$$\begin{pmatrix} 1 & 1 & 1 & \vdots & 2 \\ 2 & -1 & -1 & \vdots & 7 \\ 1 & 2 & 5 & \vdots & 4 \end{pmatrix} \xrightarrow[f_3 - f_1]{f_2 - 2f_1} \begin{pmatrix} 1 & 1 & 1 & \vdots & 2 \\ 0 & -3 & -3 & \vdots & 3 \\ 0 & 1 & 4 & \vdots & 2 \end{pmatrix} \xrightarrow{f_2/3}$$

$$\rightarrow \begin{pmatrix} 1 & 1 & 1 & \vdots & 2 \\ 0 & -1 & -1 & \vdots & 1 \\ 0 & 1 & 4 & \vdots & 2 \end{pmatrix} \xrightarrow{f_3 + f_2} \begin{pmatrix} 1 & 1 & 1 & \vdots & 2 \\ 0 & -1 & -1 & \vdots & 1 \\ 0 & 0 & 3 & \vdots & 3 \end{pmatrix} \rightarrow 3z = 3 \rightarrow z = 1$$

$-y - z = 1 \to -y - 1 = 1 \to y = -2$

$x + y + z = 2 \to x - 2 + 1 = 2 \to x = 3$

Los números buscados son $x = 3$, $y = -2$, $z = 1$.

## 2 *Resolución*

Se trata de un problema de programación lineal.

$x$ = n.º de cámaras de tipo $A$

$y$ = n.º de cámaras de tipo $B$

|       | A      | B      | NECESIDADES |
|-------|--------|--------|-------------|
| $P_1$ | 10     | 4      | 100         |
| $P_2$ | 20     | 30     | 420         |
| COSTE | 600000 | 300000 |             |

Restricciones:

$$\begin{cases} 10x + 4y \geq 100 \to 5x + 2y \geq 50 \to y \geq \dfrac{50 - 5x}{2} \\ 20x + 30y \geq 420 \to 2x + 3y \geq 42 \to y \geq \dfrac{42 - 2x}{3} \\ x \geq 4 \\ y \geq 4 \end{cases}$$

La región factible es la zona sombreada:

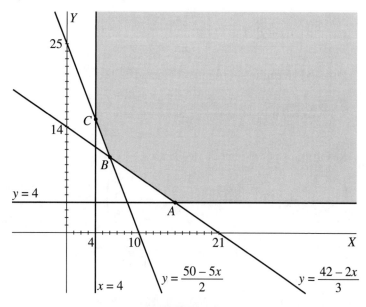

- Cálculo del vértice $A$:

$$\left.\begin{array}{l} y = \dfrac{42 - 2x}{3} \\ y = 4 \end{array}\right\} \to \dfrac{42 - 2x}{3} = 4 \to 42 - 2x = 12 \to 2x = 30 \to$$
$$\to x = 15 \to A = (15, 4)$$

- Cálculo del vértice $B$:

$$\left.\begin{array}{l} y = \dfrac{42 - 2x}{3} \\ y = \dfrac{50 - 5x}{2} \end{array}\right\} \to \dfrac{42 - 2x}{3} = \dfrac{50 - 5x}{2} \to 84 - 4x = 150 - 15x \to$$
$$\to 11x = 66 \to x = 6 \to B = (6, 10)$$

- Cálculo del vértice $C$:

$$\left.\begin{array}{l} y = \dfrac{50 - 5x}{2} \\ x = 4 \end{array}\right\} \to y = \dfrac{50 - 20}{2} = 15 \to C = (4, 15)$$

La función objetivo a minimizar es $F(x, y) = 600\,000x + 300\,000y$.

Para obtener el beneficio mínimo, sustituimos los vértices de la región factible en la función objetivo:

$F(15, 4) = 10\,200\,000$

$F(6, 10) = 6\,600\,000$

$F(4, 15) = 6\,900\,000$

Para minimizar el coste, deben incluirse 6 cámaras del tipo $A$ y 10 cámaras del tipo $B$, resultando un coste de 6 600 000 euros.

## BLOQUE DE ANÁLISIS

**1** *Resolución*

a) $n(t) = \dfrac{1}{3}t^3 - \dfrac{9}{2}t^2 + 18t, \quad 0 \le t \le 9$

- Cortes con el eje $T$:

$$\dfrac{1}{3}t^3 - \dfrac{9}{2}t^2 + 18t = t\left(\dfrac{1}{3}t^2 - \dfrac{9}{2}t + 18t\right) = 0 \begin{cases} t = 0 \\ \dfrac{1}{3}t^2 - \dfrac{9}{2}t + 18 = 0 \to \end{cases}$$

$$\to 2t^2 - 27 + 108 = 0 \to t = \dfrac{27 \pm \sqrt{729 - 4 \cdot 2 \cdot 108}}{4} = \dfrac{27 \pm \sqrt{-135}}{4}$$

Solo corta a los ejes en $(0, 0)$.

- $n'(t) = t^2 - 9t + 18 = 0 \rightarrow t = \dfrac{9 \pm \sqrt{81 - 4 \cdot 1 \cdot 18}}{2} = \dfrac{9 \pm 3}{2} \begin{cases} t = 6 \\ t = 3 \end{cases}$

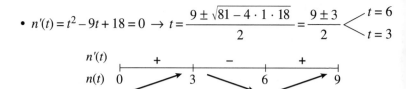

La función crece en [0, 3) ∪ (6, 9] y decrece en (3, 6).

En (3; 22,5) hay un máximo relativo, y en (6,18) hay un mínimo relativo.

- $n''(t) = 2t - 9 = 0 \rightarrow t = \dfrac{9}{2} = 4,5$

En (4,5; 20,25) hay un punto de inflexión.

- $n(0) = 0$

    $n(9) = 40,5$

    En (0, 0) se alcanza el mínimo absoluto y en (9; 40,5) se alcanza el máximo absoluto.

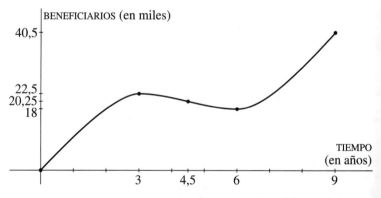

El número máximo de beneficiarios es 40 500 y se alcanza en el noveno año.

b) $m(t) = \dfrac{9}{2}t, \quad 0 \le t \le 9$

- Para que el número de beneficiarios sea el mismo en ambos programas, $n(t) = m(t)$:

$$\dfrac{1}{3}t^3 - \dfrac{9}{2}t^2 + 18t = \dfrac{9}{2}t \rightarrow 2t^3 - 27t^2 + 108t = 27t \rightarrow$$

$$\to 2t^3 - 27t^2 + 81t = 0 \begin{cases} t = 0 \\ 2t^2 - 27t + 81 = 0 \end{cases} \to$$

$$\to t = \frac{27 \pm \sqrt{729 - 4 \cdot 2 \cdot 81}}{4} = \frac{27 \pm 9}{4} \begin{cases} t = 9 \\ t = 4,5 \end{cases}$$

A los 9 años y a los 4 años y medio el número de beneficiarios será el mismo con ambos programas.

- Dibujamos las gráficas de las dos funciones:

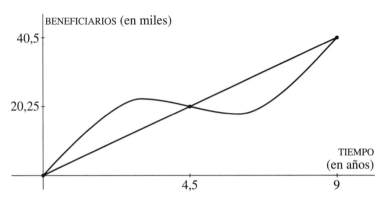

En los primeros cuatro años y medio, el primer programa tendrá más beneficiarios que el segundo.

**2** *Resolución*

a) $C(x) = 100 \left( 100 + 9x + \dfrac{144}{x} \right), \quad 1 \le x \le 100$

$C(1) = 100(100 + 9 + 144) = 25\,300$ euros

$C(100) = 100 \left( 100 + 900 + \dfrac{144}{100} \right) = 100\,144$ euros

b) El coste total mínimo se alcanza en los extremos del intervalo [1, 100] o en los mínimos relativos. Calculamos estos últimos con la derivada:

$$C'(x) = 100 \left( 9 - \frac{144}{x^2} \right) = 0 \to 9 = \frac{144}{x^2} \to x^2 = \frac{144}{9} \to$$

$$\to x = \frac{12}{3} = 4 \quad \text{(la solución negativa no es válida)}$$

$C''(x) = 100 \left( \dfrac{288}{x^3} \right) \to C''(4) > 0,$ mínimo relativo en (4, 17200).

El coste mínimo se logra con 4 toneladas de material y asciende a 17 200 euros.

c) $C(x) < 75\,000 \rightarrow 100\left(100 + 9x + \dfrac{144}{x}\right) < 75\,000 \rightarrow$

$\rightarrow 100 + 9x + \dfrac{144}{x} < 750 \rightarrow$

$\rightarrow 100x + 9x^2 + 144 < 750x \rightarrow 9x^2 - 650x + 144 < 0$

Resolvemos la ecuación $9x^2 - 650x + 144 = 0$:

$$x = \dfrac{650 \pm \sqrt{422\,500 - 4 \cdot 9 \cdot 144}}{18} = \dfrac{650 \pm 646}{18} \begin{cases} x = 72 \\ x = \dfrac{2}{9} \end{cases}$$

La segunda solución no es válida, pues no pertenece al intervalo [1, 100]. Por tanto, se pueden mover hasta 72 toneladas de carga.

## BLOQUE DE ESTADÍSTICA

**1** *Resolución*

a) i) $H \cup T =$ "El fallecido es hombre o tiene entre 11 y 30 años"

$$P[H \cup T] = P[H] + P[T] - P[H \cap T] = \dfrac{305}{500} + \dfrac{35}{500} - \dfrac{20}{500} =$$
$$= \dfrac{320}{500} = \dfrac{16}{25} = 0{,}64$$

ii) $M \cap [T \cup V] =$ "El fallecido es mujer y tiene entre 11 y 30 años o más de 50"

$$P[M \cap (T \cup V)] = P[M \cap T] + P[M \cap V] = \dfrac{15}{500} + \dfrac{40}{500} =$$
$$= \dfrac{55}{500} = \dfrac{11}{100} = 0{,}11$$

iii) $\overline{T} \cap \overline{H} =$ "El fallecido no es hombre ni tiene entre 11 y 30 años"

$$P[\overline{T} \cap \overline{H}] = \dfrac{120}{500} + \dfrac{20}{500} + \dfrac{40}{500} = \dfrac{180}{500} = \dfrac{9}{25} = 0{,}36$$

b) Porcentaje de hombres fallecidos: $\dfrac{305}{500} \cdot 100 = 61\%$

Porcentaje de mujeres fallecidas: $\dfrac{195}{500} \cdot 100 = 39\%$

c) De los fallecidos con más de 50 años, el 60% son hombres, y el 40%, mujeres. Luego el porcentaje de hombres fallecidos es mayor.

**2** *Resolución*

a) $x = N(20\,000, \sigma)$

$$P[x < 20\,660] = \frac{67}{100} = 0{,}67$$

Si $z = N(0, 1)$, sabemos que $z = \dfrac{x - \mu}{\sigma}$.

$$P\left[z < \frac{20\,660 - 20\,000}{\sigma}\right] = 0{,}67$$

Mirando en las tablas de la $N(0, 1)$, $P[z < k] = 0{,}67 \rightarrow k = 0{,}44 \rightarrow$

$$\rightarrow 0{,}44 = \frac{660}{\sigma} \rightarrow \sigma = \frac{660}{0{,}44} = 1\,500$$

b) $x = N(20\,000, 1\,500)$

$$\bar{x} = N\left(20\,000, \frac{1\,500}{\sqrt{36}}\right) = N(20\,000, 250)$$

$$P[\bar{x} > 19\,500] = P\left[z > \frac{19\,500 - 20\,000}{250}\right] = P[z > -2] = \Phi(2) = 0{,}9772$$

Un 97,72% de las muestras de 36 familias tiene una renta media anual de más de 19 500 euros.

c) El error máximo admisible es $E = z_{\alpha/2} \cdot \dfrac{\sigma}{\sqrt{n}}$.

A una confianza del 99% le corresponde un $z_{\alpha/2} = 2{,}575$:

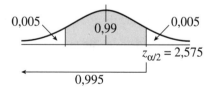

Sustituimos estos valores en la expresión del error máximo:

$$300 = 2{,}575 \cdot \frac{1\,500}{\sqrt{n}} \rightarrow \sqrt{n} = \frac{2{,}575 \cdot 1\,500}{300} = 12{,}875 \rightarrow n = 165{,}77$$

Por tanto, tendríamos que seleccionar, como mínimo, a 166 familias.

# PRUEBA DE SELECTIVIDAD

## ACLARACIONES PREVIAS

*Conteste de manera clara y razonada una de las dos opciones propuestas.*
*Duración: Una hora y media.*

### OPCIÓN A

**1** Tres familias van a una cafetería. La primera familia toma 2 cafés, 1 cortado y 2 descafeinados; la segunda familia toma 3 cafés y 2 descafeinados; y la tercera familia toma 1 café, 2 cortados y 2 descafeinados. A la primera familia le presentan una factura de 5,20 €, a la segunda, una de 5 €, y a la tercera, una de 6,20 €. ¿Hay alguna factura incorrecta?
(2,5 puntos)

**2** Calcule el rectángulo de área máxima que tiene su base situada en el eje de abscisas y que sus otros dos vértices, con ordenada positiva, están situados en la parábola $y = 12 - x^2$. (2,5 puntos)

**3** Sean $A$ y $B$ dos sucesos independientes. La probabilidad de que ocurra $A$ es 0,4; y la probabilidad de que ocurra $B$ es 0,7.

a) Calcule la probabilidad de que ocurra al menos uno de los dos sucesos. (1,5 puntos)

b) Calcule la probabilidad de que ocurra el suceso $A$ pero no el $B$.
(1 punto)

**4** Se sabe que el 12% de los habitantes de una determinada ciudad padece de sobrepeso. Se toma una muestra al azar de 66 habitantes de esta ciudad. ¿Cuál es la probabilidad aproximada de que al menos el 10% de ellos padezca de sobrepeso? (2,5 puntos)

## OPCIÓN B

**5** Considere el sistema de ecuaciones lineales

$$\left. \begin{array}{r} \dfrac{2}{3}x - 4y - 4 = 0 \\ x - \dfrac{9}{2}y - 3 = 0 \end{array} \right\}$$

a) Exprésolo en la forma matricial $A \cdot X = B$. (0,5 puntos)
b) Calcule la matriz inversa de $A$. (1,5 puntos)
c) Resuélvalo. (0,5 puntos)

**6** Un librero compra libros de dos editoriales. La editorial A ofrece un paquete de 5 novelas de ciencia ficción y 5 históricas por 60 €, y la editorial B ofrece un paquete de 5 novelas de ciencia ficción y 10 históricas por 180 €. El librero quiere comprar un mínimo de 2 500 novelas de ciencia ficción y un mínimo de 3 500 novelas históricas. Además, por motivos personales, el librero ha prometido a la editorial B que al menos el 25% del número total de paquetes que comprará serán de B.

a) ¿Cuántos paquetes tiene que comprar el librero de cada editorial para minimizar el coste, satisfacer los mínimos y cumplir la promesa?
(2 puntos)

b) ¿Cuánto le costarán en total las novelas? (0,5 puntos)

**7** La curva $y = a[4 - (x - 3)^2]$, con $a > 0$, limita con el eje de abscisas un recinto de 32 unidades de superficie. Calcule el valor de $a$. (2,5 puntos)

**8** Se quiere estimar el gasto diario medio en oferta complementaria de los turistas, con un error no superior a 2 €, utilizando una muestra aleatoria de 64 turistas. Sabiendo que la desviación típica poblacional es de 8 €, ¿cuál será el máximo nivel de confianza con el que se realizará la estimación? (2,5 puntos)

*Islas Baleares. Junio, 2009*

# SOLUCIÓN DE LA PRUEBA — Islas Baleares

## OPCIÓN A

**1** *Resolución*

$x$ = euros que cuesta un café

$y$ = euros que cuesta un cortado

$z$ = euros que cuesta un descafeinado

$$\begin{cases} 2x + y + 2z = 5{,}2 \\ 3x + 2z = 5 \\ x + 2y + 2z = 6{,}2 \end{cases} \rightarrow M' = \underbrace{\begin{pmatrix} 2 & 1 & 2 \\ 3 & 0 & 2 \\ 1 & 2 & 2 \end{pmatrix}}_{M} \begin{array}{|c} 5{,}2 \\ 5 \\ 6{,}2 \end{array}$$

Como $|M| = \begin{vmatrix} 2 & 1 & 2 \\ 3 & 0 & 2 \\ 1 & 2 & 2 \end{vmatrix} = 0$, y $\begin{vmatrix} 2 & 1 \\ 3 & 0 \end{vmatrix} \neq 0$, entonces $ran(M) = 2$.

$\begin{vmatrix} 2 & 1 & 5{,}2 \\ 3 & 0 & 5 \\ 1 & 2 & 6{,}2 \end{vmatrix} = -2{,}4 \neq 0 \rightarrow ran(M') = 3$

Por tanto, $ran(M) \neq ran(M')$. El sistema es incompatible.

Luego hay alguna factura incorrecta.

**2** *Resolución*

Se trata de un problema de optimización.

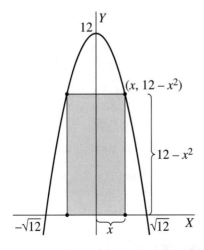

Los puntos de la parábola son de la forma $(x, 12 - x^2)$. Por tanto, el área a maximizar es:

$A = 2x(12 - x^2) = 24x - 2x^3, \ x > 0$

Para hallar el máximo, derivamos e igualamos a cero:

$$A' = 24 - 6x^2 = 0 \rightarrow 6x^2 = 24 \rightarrow x^2 = 4 \rightarrow x = 2$$

Comprobamos que es un máximo con la segunda derivada:

$$A'' = -12x \rightarrow A''(2) = -24 < 0, \text{ máximo}$$

Sustituimos el valor obtenido en la ecuación de la parábola:

$$y = 12 - (2)^2 = 8$$

Por tanto, el rectángulo pedido es el de vértices $(2, 0), (2, 8), (-2, 8), (-2, 0)$.

### 3 Resolución

a) $P[A] = 0,4$;  $P[B] = 0,7$

- Como $A$ y $B$ son independientes:

  $$P[A \cap B] = P[A] \cdot P[B] = 0,4 \cdot 0,7 = 0,28$$

- La probabilidad de que ocurra al menos uno de los sucesos es la probabilidad del suceso unión:

  $$P[A \cup B] = P[A] + P[B] - P[A \cap B] = 0,4 + 0,7 - 0,28 = 0,82$$

b) $P[A \cap \overline{B}] = P[A] \cdot P[\overline{B}] = 0,4 \cdot 0,3 = 0,12$

### 4 Resolución

El número de habitantes con sobrepeso sigue una distribución binomial $x = B(n, p) = B(66; 0,12)$.

El 10% de 66 es 6,6. Como se trata de habitantes, que tiene que ser un número entero, tomamos 7 y aproximamos por una distribución normal $x' = N(np, \sqrt{npq}) = N(7,92; 2,64)$.

Aplicamos la corrección por continuidad:

$$P[x \geq 7] = P[x' > 6,5] = P\left[z > \frac{6,5 - 7,92}{2,64}\right] =$$

$$= P[z > -0,5378] = P[z < 0,5378] = \Phi(0,54) = 0,7054$$

Hay una probabilidad aproximada de 0,7 de que al menos el 10% de los habitantes que pertenecen a la muestra padezcan de sobrepeso.

## OPCIÓN B

**5** *Resolución*

a) $\begin{cases} \dfrac{2}{3}x - 4y - 4 = 0 \\ x - \dfrac{9}{2}y - 3 = 0 \end{cases} \rightarrow \begin{cases} 2x - 12y = 12 \\ 2x - 9y = 6 \end{cases} \rightarrow$

$\rightarrow \begin{cases} x - 6y = 6 \\ 2x - 9y = 6 \end{cases} \rightarrow \underbrace{\begin{pmatrix} 1 & -6 \\ 2 & -9 \end{pmatrix}}_{A} \underbrace{\begin{pmatrix} x \\ y \end{pmatrix}}_{X} = \underbrace{\begin{pmatrix} 6 \\ 6 \end{pmatrix}}_{B}$

b) $|A| = \begin{vmatrix} 1 & -6 \\ 2 & -9 \end{vmatrix} = 3$

$A_{11} = -9;\ A_{12} = -2;\ A_{21} = 6;\ A_{22} = 1$

$A^{-1} = \dfrac{[Adj(A)]^t}{|A|} = \dfrac{1}{3}\begin{pmatrix} -9 & 6 \\ -2 & 1 \end{pmatrix} = \begin{pmatrix} -3 & 2 \\ -2/3 & 1/3 \end{pmatrix}$

c) $A \cdot X = B \rightarrow X = A^{-1} \cdot B \rightarrow X = \begin{pmatrix} -3 & 2 \\ -2/3 & 1/3 \end{pmatrix}\begin{pmatrix} 6 \\ 6 \end{pmatrix} = \begin{pmatrix} -6 \\ -2 \end{pmatrix}$

*Solución:* $x = -6,\ y = -2$

**6** *Resolución*

a) Se trata de un problema de programación lineal.

$x$ = n.º de paquetes que compra a la editorial A
$y$ = n.º de paquetes que compra a la editorial B

|  | A | B | NECESIDADES |
|---|---|---|---|
| CIENCIA FICCIÓN | 5 | 5 | 2 500 |
| HISTÓRICAS | 5 | 10 | 3 500 |
| COSTE | 60 | 180 |  |

Restricciones:

$\begin{cases} 5x + 5y \geq 2\,500 \rightarrow x + y \geq 500 \rightarrow y \geq 500 - x \\ 5x + 10y \geq 3\,500 \rightarrow x + 2y \geq 700 \rightarrow y \geq \dfrac{700 - x}{2} \\ y \geq \dfrac{25}{100}(x + y) \rightarrow 100y \geq 25x + 25y \rightarrow 75y \geq 25x \rightarrow y \geq \dfrac{x}{3} \\ x \geq 0 \\ y \geq 0 \end{cases}$

La región factible es la zona sombreada:

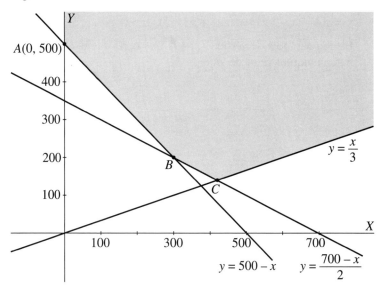

- Cálculo del vértice $B$:

$$\left. \begin{array}{l} y = \dfrac{700-x}{2} \\ y = 500-x \end{array} \right\} \rightarrow \dfrac{700-x}{2} = 500-x \rightarrow 700-x = 1\,000 - 2x \rightarrow$$
$$\rightarrow x = 300 \rightarrow B = (300, 200)$$

- Cálculo del vértice $C$:

$$\left. \begin{array}{l} y = \dfrac{700-x}{2} \\ y = \dfrac{x}{3} \end{array} \right\} \rightarrow \dfrac{700-x}{2} = \dfrac{x}{3} \rightarrow 2\,100 - 3x = 2x \rightarrow$$
$$\rightarrow 5x = 2\,100 \rightarrow x = 420 \rightarrow C = (420, 140)$$

La función objetivo a minimizar es $F(x, y) = 60x + 180y$.

Para obtener el mínimo, sustituimos los vértices de la región factible en la función objetivo:

$F(0, 500) = 90\,000$

$F(300, 200) = 54\,000$

$F(420, 140) = 50\,400$

Para minimizar el coste, satisfacer los mínimos y cumplir la promesa, el librero tiene que comprar 420 paquetes a la editorial A y 140 paquetes a la editorial B.

b) Las novelas le costarán, en total, 50 400 euros.

**7** *Resolución*

$y = a[4 - (x - 3)^2] = a(-x^2 + 6x - 5), \ a > 0$

Es una parábola de vértice $(3, 4a)$ que corta al eje $OX$ en $(1, 0)$ y $(5, 0)$ para cualquier valor de $a$.

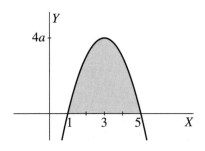

El área sombreada ha de medir 32 u².

$$32 = \int_1^5 a(-x^2 + 6x - 5) \, dx = a\left[-\frac{x^3}{3} + 3x^2 - 5x\right]_1^5 =$$

$$= a\left[\left(-\frac{125}{3} + 75 - 25\right) - \left(-\frac{1}{3} + 3 - 5\right)\right] = \frac{32}{3}a \rightarrow \frac{32}{3}a = 32 \rightarrow a = 3$$

**8** *Resolución*

El error máximo admisible es $E = z_{\alpha/2} \cdot \dfrac{\sigma}{\sqrt{n}}$. En nuestro caso:

$$2 = z_{\alpha/2} \cdot \frac{8}{\sqrt{64}} \rightarrow z_{\alpha/2} = 2$$

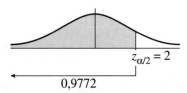

$1 - 0{,}9772 = 0{,}0228$ es el valor de cada una de las colas de la normal.

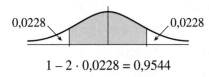

$$1 - 2 \cdot 0{,}0228 = 0{,}9544$$

El máximo nivel de confianza con el que se realizará la estimación será del 95,44%.

# 10

# PRUEBA DE SELECTIVIDAD

## ACLARACIONES PREVIAS

*Cada alumno debe elegir una de las pruebas (A o B) y, dentro de ella, solo debe responder (como máximo) a cuatro de las cinco preguntas.*
*Cada una de las preguntas tiene una puntuación máxima de 2,5 puntos.*

### PRUEBA A

**1** Hace 4 años el gasto medio en material escolar de un niño de primaria al comienzo del curso era de 210 euros. Este año, para 60 niños, se obtuvo un gasto medio de 225 euros con una desviación típica de 20 euros.

a) Con un nivel de significación del 5%, ¿se acepta que el gasto medio actual sigue siendo de 210 euros?

b) Obtener un intervalo de confianza para el gasto medio con una confianza del 90%.

**2** Se cree que, como mínimo, el 45% de los conductores suspendería en un examen teórico. Se les hizo un examen teórico a 200 conductores de los cuales 70 suspendieron.

a) Con un nivel de significación del 2%, ¿se acepta que, como mínimo, el 45% de los conductores suspendería un examen teórico?

b) Usando la información del estudio muestral anterior, ¿qué número de conductores sería necesario examinar para, con una confianza del 90%, obtener un intervalo de confianza de amplitud 0,04?

**3** El rendimiento de dos trabajadores, en metros por hora, marcando una zanja, viene dado por las funciones $f(x) = -x^2 + 19x + 66$ y $g(x) = -x^2 + 5x + 150$, respectivamente, para $0 \leq x \leq 8$, siendo $x$ el tiempo transcurrido desde el comienzo de la jornada.

a) ¿Qué trabajador comienza el día con mayor rendimiento?

b) ¿Cuándo es máximo el rendimiento del primer trabajador?

c) ¿Cuándo están rindiendo igual los dos trabajadores?

d) ¿Cuántos metros marca, en su jornada de 8 horas, el segundo trabajador?

**4** La tasa de producción anual, en miles de toneladas, de una cantera de piedra, sigue la función:

$$f(x) = \begin{cases} 50 + 3x & \text{si } 0 \leq x \leq 10 \\ -2x + 100 & \text{si } x > 10 \end{cases}$$

siendo $x$ el número de años desde su apertura.

a) Representar la función.

b) ¿En qué momento es máxima la tasa de producción?

c) ¿Cuándo es la tasa de producción igual a sesenta y dos mil toneladas?

d) ¿Al cabo de cuántos años se extingue la cantera?

**5** Una empresa ha gastado 6560 € en comprar 90 cestas de navidad de tres tipos, que cuestan a 60, 80 y 120 €, respectivamente. Las cestas más caras son un 10% de las cestas compradas.

a) Plantear el correspondiente sistema.

b) ¿Cuántas cestas de cada tipo compró la empresa?

## PRUEBA B

**1** El 62% de los estudiantes universitarios son mujeres. Si, de estos estudiantes, se toma una muestra aleatoria de tamaño igual a 150:

a) ¿Cuál es el número esperado de mujeres?

b) ¿Cuál es la probabilidad de que, como mínimo, 100 sean mujeres?

c) ¿Cuál es la probabilidad de que haya más de 85 y menos de 95 mujeres?

**2** En una muestra aleatoria de 80 vehículos, 56 son de gasolina.

a) Calcular el intervalo de confianza para la proporción de vehículos de gasolina, con un nivel de confianza del 98%.

b) Usando la información inicial, ¿cuál sería el tamaño muestral para estimar la proporción de vehículos de gasolina, con un error menor del 4% y con una confianza del 94%?

**3** La **pulgada** es una unidad de longitud antropométrica que equivale a la longitud media de la primera falange del pulgar. Hace 150 años se estableció que esta medida era de 2,54 cm, y que la desviación típica de la longitud de la primera falange del pulgar era de 0,2 cm. Sin embargo, en 2008, para una muestra de 36 personas, se obtuvo una media de la longitud de la primera falange del pulgar igual a 2,63 cm.

a) A partir de la información muestral y con una significación del 4%, ¿se sigue aceptando que la longitud media de la primera falange del pulgar es 2,54 cm frente a que ha aumentado?

b) Obtener un intervalo de confianza, al 98%, para la longitud media de la primera falange del pulgar.

**4** Debido a un chaparrón, el caudal de agua que entra a un depósito de recogida de agua sigue la función $f(t) = -t^2 + 20t$ ($t$ expresado en minutos y $f(t)$ en litros por minuto).

a) ¿Cuánto tiempo está entrando agua al depósito?

b) ¿Cuándo es máximo el caudal que entra? ¿Cuánto es ese caudal máximo?

c) ¿Cuántos litros se han recogido tras el chaparrón?

**5** En una pastelería se preparan dos tipos de roscones. Para cada unidad del primero se necesitan 5 huevos y 1,5 kilos de harina y para cada unidad del segundo son necesarios 8 huevos y 4 kilos de harina. Hay que fabricar al menos 16 unidades del tipo A. Los del tipo A se venden a 10 € y los del tipo B a 14 €. Se dispone de 400 huevos y 160 kilos de harina y se quiere determinar el número de roscones de cada tipo que se han de producir para maximizar los ingresos.

a) Plantear el problema y representar la región factible.

b) ¿Cuál es la producción que maximiza los ingresos?

c) Con la producción que maximiza los ingresos, ¿se gasta toda la harina?

*Islas Canarias. Junio, 2009*

# SOLUCIÓN DE LA PRUEBA

Islas Canarias

## PRUEBA A

**1** *Resolución*

a) Planteamos un test de hipótesis bilateral para la media:

$H_0: \mu = 210$

$H_1: \mu \neq 210$

A un nivel de significación del 5% le corresponde un $z_{\alpha/2} = 1{,}96$:

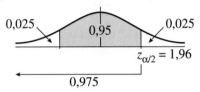

La zona de aceptación de la hipótesis nula tiene la forma:

$$\left(\mu - z_{\alpha/2} \cdot \frac{\sigma}{\sqrt{n}},\ \mu + z_{\alpha/2} \cdot \frac{\sigma}{\sqrt{n}}\right)$$

En este caso:

$$\left(210 - 1{,}96 \cdot \frac{20}{\sqrt{60}};\ 210 + 1{,}96 \cdot \frac{20}{\sqrt{60}}\right) = (204{,}94;\ 215{,}06)$$

Como la media muestral $\bar{x} = 225 \notin (204{,}94;\ 215{,}06)$, no se acepta, con un nivel de significación del 5%, que el gasto medio no ha variado.

b) Los intervalos de confianza para la media tienen la forma:

$$\left(\bar{x} - z_{\alpha/2} \cdot \frac{\sigma}{\sqrt{n}},\ \bar{x} + z_{\alpha/2} \cdot \frac{\sigma}{\sqrt{n}}\right)$$

A una confianza del 90% le corresponde un $z_{\alpha/2} = 1{,}645$:

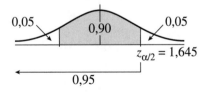

Sustituyendo los datos del problema, obtenemos el intervalo de confianza pedido:

$$\left(225 - 1{,}645 \cdot \frac{20}{\sqrt{60}};\ 225 + 1{,}645 \cdot \frac{20}{\sqrt{60}}\right) = (220{,}75;\ 229{,}25)$$

**2** *Resolución*

a) Planteamos un test de hipótesis unilateral para la proporción:

$H_0: p \geq 0{,}45$

$H_1: p < 0{,}45$

La zona de aceptación tiene la forma:

$$\left( p_0 - z_\alpha \cdot \sqrt{\frac{p_0 q_0}{n}}, \ +\infty \right)$$

A un $\alpha = 0{,}02$ le corresponde un $z_\alpha = 2{,}05$:

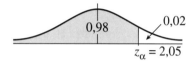

La zona de aceptación es, por tanto:

$$\left( 0{,}45 - 2{,}05 \cdot \sqrt{\frac{0{,}45 \cdot 0{,}55}{200}}; \ +\infty \right) = (0{,}378; \ +\infty)$$

La proporción muestral es $p_r = \dfrac{70}{200} = 0{,}35$.

Como $p_r \notin (0{,}378; \ +\infty)$, no se acepta la hipótesis nula. No se puede afirmar, con un nivel de significación del 2%, que como mínimo, el 45% de los conductores suspenderían un examen teórico.

b) Los intervalos de confianza para la proporción tienen la forma:

$$\left( p_r - z_{\alpha/2} \cdot \sqrt{\frac{p_r q_r}{n}}, \ p_r + z_{\alpha/2} \cdot \sqrt{\frac{p_r q_r}{n}} \right)$$

La amplitud del intervalo de confianza es, por tanto:

$$2 \cdot z_{\alpha/2} \sqrt{\frac{p_r q_r}{n}}$$

A una confianza del 90% le corresponde un $z_{\alpha/2} = 1{,}645$:

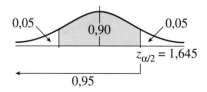

Por tanto, en nuestro caso, la amplitud del intervalo es:

$$0,04 = 2 \cdot 1,645 \cdot \sqrt{\frac{0,35 \cdot 0,65}{n}} \rightarrow$$

$$\rightarrow \sqrt{n} = \frac{1,645 \cdot \sqrt{0,35 \cdot 0,65}}{0,02} = 39,23 \rightarrow n = 1\,539,05$$

Sería necesario examinar a 1 540 conductores.

**3** *Resolución*

$$\left. \begin{array}{l} f(x) = -x^2 + 19x + 66 \\ g(x) = -x^2 + 5x + 150 \end{array} \right\} 0 \leq x \leq 8$$

a) $f(0) = 66$; $g(0) = 150$

El segundo trabajador comienza el día con mayor rendimiento.

b) $f(x)$ es una parábola que alcanza el máximo en su vértice:

$$V_x = \frac{-b}{2a} = \frac{-19}{-2} = 9,5$$

Como $9,5 \notin [0, 8]$, el máximo se alcanza en uno de los extremos del intervalo: $f(0) = 66$, $f(8) = 154$.

El primer trabajador alcanza el máximo rendimiento al final de la jornada.

c) Están rindiendo igual los dos trabajadores cuando $f(x) = g(x)$:

$$-x^2 + 19x + 66 = -x^2 + 5x + 150 \rightarrow 14x = 84 \rightarrow x = 6$$

Rinden igual a las 6 horas de comenzar la jornada.

d) $\int_0^8 (-x^2 + 5x + 150)\, dx = \left[ -\frac{x^3}{3} + \frac{5x^2}{2} + 150x \right]_0^8 =$

$$= -\frac{512}{3} + 160 + 1\,200 = \frac{3\,568}{3} = 1\,189,3 \text{ m}$$

**4** *Resolución*

a) $f(x) = \begin{cases} 50 + 3x & \text{si } 0 \leq x \leq 10 \\ -2x + 100 & \text{si } x > 10 \end{cases}$

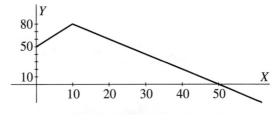

b) La tasa de producción es máxima a los 10 años de su apertura.

c) $50 + 3x = 62 \rightarrow 3x = 12 \rightarrow x = 4$

$-2x + 100 = 62 \rightarrow 2x = 38 \rightarrow x = 19$

La tasa de producción es igual a 62 000 toneladas en los años cuarto y decimonoveno.

d) $-2x + 100 = 0 \rightarrow x = 50$

A los 50 años se extingue la cantera.

**5** *Resolución*

a) $x$ = n.º de cestas compradas del 1.ᵉʳ tipo

$y$ = n.º de cestas compradas del 2.º tipo

$z$ = n.º de cestas compradas del 3.ᵉʳ tipo

$$\begin{cases} x + y + z = 90 \\ 60x + 80y + 120z = 6560 \\ z = 9 \end{cases} \xrightarrow{:20} 3x + 4y + 6z = 328$$

b) Sustituimos $z = 9$ en las dos primeras ecuaciones:

$$\begin{cases} x + y = 81 \\ 3x + 4y = 274 \end{cases}$$

Resolvemos por reducción:

$$\begin{cases} -3x - 3y = -243 \\ 3x + 4y = 274 \end{cases}$$

$$y = 31 \rightarrow x = 81 - y = 81 - 31 = 50$$

La empresa compró 50 cestas del primer tipo, 31 del segundo y 9 del tercero.

## PRUEBA B

**1** *Resolución*

a) El número de mujeres que hay en una muestra aleatoria de tamaño 150 sigue una distribución binomial $x = B(n, p) = B(150; 0,62)$.

El número esperado de mujeres es la media:

$\mu = n \cdot p = 150 \cdot 0,62 = 93$

b) Aproximamos la binomial $x = B(n, p)$ por una distribución normal $x' = N(np, \sqrt{npq}) = N(93; 5,94)$.

Aplicamos la corrección por continuidad y tipificamos:

$$P[x \geq 100] = P[x' > 99{,}5] = P\left[z > \frac{99{,}5 - 93}{5{,}94}\right] =$$

$$= P[z > 1{,}09] = 1 - \Phi(1{,}09) = 1 - 0{,}8621 = 0{,}1379$$

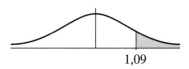

c) $P[85 < x < 95] = P[85{,}5 < x' < 94{,}5]$ pues entendemos que no entran los extremos 85 y 95. Tipificamos:

$$P[85{,}5 < x' < 94{,}5] = P\left[\frac{85{,}5 - 93}{5{,}94} < z < \frac{94{,}5 - 93}{5{,}94}\right] =$$

$$= P[-1{,}26 < z < 0{,}25] = \Phi(0{,}25) + \Phi(1{,}26) - 1 =$$

$$= 0{,}5987 + 0{,}8962 - 1 = 0{,}4949$$

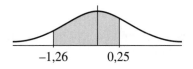

### 2 *Resolución*

a) Los intervalos de confianza para la proporción tienen la forma:

$$\left(p_r - z_{\alpha/2} \cdot \sqrt{\frac{p_r(1 - p_r)}{n}},\; p_r + z_{\alpha/2} \cdot \sqrt{\frac{p_r(1 - p_r)}{n}}\right)$$

A un nivel de confianza del 98% le corresponde un $z_{\alpha/2} = 2{,}33$:

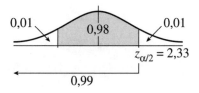

La proporción muestral es $p_r = \dfrac{56}{80} = 0{,}7$.

Por tanto, el intervalo pedido es:

$$\left(0{,}7 - 2{,}33 \cdot \sqrt{\frac{0{,}7 \cdot 0{,}3}{80}};\; 0{,}7 + 2{,}33 \cdot \sqrt{\frac{0{,}7 \cdot 0{,}3}{80}}\right) = (0{,}58;\, 0{,}82)$$

b) El error máximo admisible es $E = z_{\alpha/2} \cdot \sqrt{\dfrac{p_r(1-p_r)}{n}}$.

A una confianza del 94% le corresponde un $z_{\alpha/2} = 1,88$:

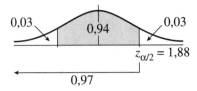

Por tanto, en nuestro caso:

$$0,04 = 1,88 \cdot \sqrt{\dfrac{0,7 \cdot 0,3}{n}} \rightarrow \sqrt{n} = \dfrac{1,88 \cdot \sqrt{0,7 \cdot 0,3}}{0,04} = 21,54 \rightarrow$$

$$\rightarrow n = 463,89$$

El tamaño de la muestra tendría que ser mayor o igual que 464.

### 3 Resolución

a) Planteamos un test de hipótesis unilateral para la media:

$H_0$: $\mu \leq 2,54$

$H_1$: $\mu > 2,54$

La zona de aceptación de la hipótesis nula tiene la forma:

$$\left(-\infty,\ \mu + z_\alpha \cdot \dfrac{\sigma}{\sqrt{n}}\right)$$

A una significación del 0,04 le corresponde un $z_\alpha = 1,75$:

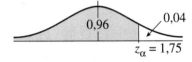

La zona de aceptación es, por tanto:

$$\left(-\infty;\ 2,54 + 1,75 \cdot \dfrac{0,2}{\sqrt{36}}\right) = (-\infty;\ 2,598)$$

Como $\bar{x} = 2,63 \notin (-\infty;\ 2,598)$, no se acepta que la longitud media de la falange no haya aumentado, con un nivel de significación del 4%.

b) Los intervalos de confianza para la media tienen la forma:

$$\left(\bar{x} - z_{\alpha/2} \cdot \dfrac{\sigma}{\sqrt{n}},\ \bar{x} + z_{\alpha/2} \cdot \dfrac{\sigma}{\sqrt{n}}\right)$$

A una confianza del 98% le corresponde un $z_{\alpha/2} = 2,33$:

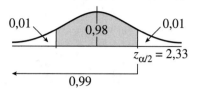

El intervalo de confianza pedido es, por tanto:

$$\left(2,63 - 2,33 \cdot \frac{0,2}{\sqrt{36}};\ 2,63 + 2,33 \cdot \frac{0,2}{\sqrt{36}}\right) = (2,55;\ 2,70)$$

**4** *Resolución*

a) $f(t) = -t^2 + 20t = t(-t + 20) = 0 \begin{cases} t = 0 \\ t = 20 \end{cases}$

La gráfica de $f(t)$ es una parábola que corta al eje $OX$ en $(0, 0)$ y $(20, 0)$, con vértice en el punto $(10, 100)$:

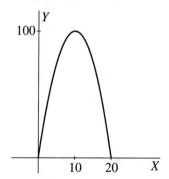

Está entrando agua en el depósito 20 minutos.

b) El caudal que entra es máximo en el vértice de la parábola; es decir, a los 10 minutos.

El máximo caudal es de 100 litros por minuto.

c) $\displaystyle\int_0^{20} (-t^2 + 20t)\, dt = \left[-\frac{t^3}{3} + 10t^2\right]_0^{20} = -\frac{8000}{3} + 4000 =$

$$= \frac{4000}{3} = 1\,333,3$$

Se han recogido tras el chaparrón unos 1 333 litros.

**5** _Resolución_

a) Se trata de un problema de programación lineal.

|  | A | B | DISPONIBLE |
|---|---|---|---|
| HUEVOS | 5 | 8 | 400 |
| KG DE HARINA | 1,5 | 4 | 160 |
| PRECIO DE VENTA | 10 | 14 |  |

$x$ = n.º de roscones de tipo A

$y$ = n.º de roscones de tipo B

Restricciones:

$$\begin{cases} 5x + 8y \leq 400 \to y \leq \dfrac{400 - 5x}{8} \\ 1{,}5x + 4y \leq 160 \to y \leq \dfrac{160 - 1{,}5x}{4} \\ x \geq 16 \\ y \geq 0 \end{cases}$$

La región factible es la zona sombreada:

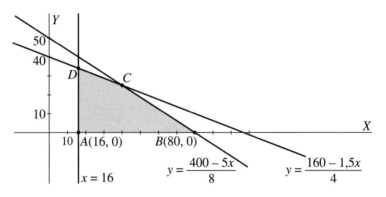

- Cálculo del vértice $C$:

$$\left.\begin{array}{l} y = \dfrac{400 - 5x}{8} \\ y = \dfrac{160 - 1{,}5x}{4} \end{array}\right\} \to \dfrac{400 - 5x}{8} = \dfrac{160 - 1{,}5x}{4} \to$$

$$\to 400 - 5x = 320 - 3x \to$$
$$\to 2x = 80 \to x = 40 \to$$
$$\to C = (40, 25)$$

- Cálculo del vértice $D$:

$$\left. \begin{array}{l} y = \dfrac{160 - 1{,}5x}{4} \\ x = 16 \end{array} \right\} \rightarrow D = (16, 34)$$

b) La función objetivo a maximizar es $I(x, y) = 10x + 14y$.

Para hallar el máximo, sustituimos los vértices de la región factible en la función objetivo:

$I(16, 0) = 160$ $\quad\quad$ $I(80, 0) = 800$

$I(40, 25) = 750$ $\quad\quad$ $I(16, 34) = 636$

Para maximizar los ingresos, hay que producir 80 roscones del tipo A y ninguno del tipo B.

c) Se gastan $1{,}5 \cdot 80 = 120$ kg de harina. Por tanto, sobran 40 kg.

# 11 La Rioja

# PRUEBA DE SELECTIVIDAD

## ACLARACIONES PREVIAS

*Parte A: Responde de manera razonada a todas las cuestiones planteadas.*
*Parte B: Resuelve uno de los dos problemas propuestos.*
*Parte C: Resuelve uno de los dos problemas propuestos.*

## PARTE A

**1** En un bombo hay 4 bolas numeradas del 1 al 4. Se hacen dos extracciones sin reponer la bola sacada. Se pide:

a) Probabilidad de que la segunda bola sea el 4. (0,5 puntos)

b) Probabilidad de que la suma de ambas bolas sea 5. (0,5 puntos)

**2** a) Prueba que, para cualquier valor que tenga el número real $a$, la siguiente matriz tiene inversa: $A = \begin{pmatrix} a & -1 \\ 1 & a \end{pmatrix}$ (0,5 puntos)

b) Calcula la inversa de $A$ tomando $a = 0$. (0,5 puntos)

**3** Calcula un punto en el que la tangente a la función $f(x) = x^2 + 10x$ sea paralela a la recta $y = 4x$. (1 punto)

**4** Encuentra una función $f(x)$ de la que se sabe que su derivada es $f'(x) = x^3 + 2x$ y que $f(2) = 5$. (1 punto)

## PARTE B

**1** Una carpintería fabrica dos modelos distintos de mesas. El proceso de fabricación se basa en dos tareas: corte de piezas y ensamblaje. Una mesa del primer modelo requiere 15 minutos para cortar las piezas y 50 minutos para ensamblarlas. Para el segundo modelo, esos tiempos son de 20 y 25 minutos, respectivamente.

Por cuestiones de plantilla, el tiempo diario dedicado a cortar piezas no puede superar los 600 minutos, mientras que el de ensamblaje no puede superar los 1 250 minutos. Además, cada día necesita fabricar un mínimo de 8 mesas del primer modelo.

a) Determina la región factible calculando sus vértices. (2 puntos)

b) Si vende las mesas del primer modelo a 150 euros y las del segundo a 300 euros, ¿cuántas mesas de cada modelo debe hacer al día para conseguir unos ingresos máximos? (1 punto)

**2** La velocidad de un artefacto viene dada por la siguiente función:

$$v(t) = \begin{cases} 10 - (t-3)^2 & 0 \le t \le 4 \\ \dfrac{9}{t-3} & t > 4 \end{cases}$$

donde la velocidad $v(t)$ viene dada en metros por segundo y el tiempo $t$ en horas.

a) Estudia la continuidad de la función. (0,7 puntos)

b) Calcula los intervalos en los que la función crece y decrece. Usa lo anterior para calcular la máxima velocidad alcanzada por el artefacto y el momento en que se alcanza. (1,6 puntos)

c) Si dejamos que el tiempo crezca ilimitadamente, ¿a qué velocidad tiende a moverse el artefacto? Interpreta el resultado que has obtenido. (0,7 puntos)

## PARTE C

**1** Una empresa que fabrica lavadoras posee tres factorías. La primera produce el 40% de las lavadoras; la segunda, el 40%, y la tercera, el 20%. Vienen teniendo algunos problemas con sus productos. Así, el 5% de las lavadoras de la primera factoría tiene el tambor defectuoso, lo mismo ocurre con el 10% de las de la segunda. Calcula:

a) Porcentaje de lavadoras de la empresa que han sido fabricadas en la primera factoría y, además, tienen tambor defectuoso. (0,5 puntos)

b) Se sabe que 93 de cada 100 lavadoras de la empresa no tienen problemas de tambor, ¿qué porcentaje de lavadoras de la tercera factoría presentan tambor defectuoso? (1,5 puntos)

c) Si una lavadora tiene el tambor defectuoso, calcula la probabilidad de que haya sido fabricada en la segunda factoría. (1 punto)

**2** De una población se sabe que el tiempo dedicado a ver la televisión sigue una distribución normal con desviación típica 42 minutos.

a) Se conoce que la media es de 175 minutos y se elige una muestra de 36 individuos de esa población. Determina la probabilidad de que el consumo medio de televisión entre los individuos de la muestra esté entre 165 y 180 minutos. (1,5 puntos)

b) A diferencia del apartado anterior, desconocemos la media poblacional. Si la muestra de tamaño 36 arroja un consumo de 170 minutos, calcula el intervalo de confianza para la media poblacional con 95% de probabilidad. (1,5 puntos)

*La Rioja. Junio, 2009*

# SOLUCIÓN DE LA PRUEBA — La Rioja

## PARTE A

**1** *Resolución*

El siguiente diagrama en árbol nos ayuda a resolver el problema:

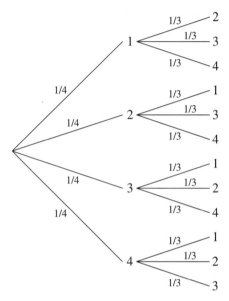

a) $P[\_, 4] = P[1, 4] + P[2, 4] + P[3, 4] = \dfrac{1}{4} \cdot \dfrac{1}{3} + \dfrac{1}{4} \cdot \dfrac{1}{3} + \dfrac{1}{4} \cdot \dfrac{1}{3} = \dfrac{1}{4}$

b) $P[\text{suma } 5] = P[1, 4] + P[2, 3] + P[3, 2] + P[4, 1] = 4\left(\dfrac{1}{4} \cdot \dfrac{1}{3}\right) = \dfrac{1}{3}$

**2** *Resolución*

a) Una matriz tiene inversa si su determinante es distinto de cero.

$$|A| = \begin{vmatrix} a & -1 \\ 1 & a \end{vmatrix} = a^2 + 1 > 0 \quad \text{para todo } a \in \mathbb{R}$$

b) $A = \begin{pmatrix} 0 & -1 \\ 1 & 0 \end{pmatrix}; \quad |A| = 1$

$A_{11} = 0; \; A_{12} = -1; \; A_{21} = 1; \; A_{22} = 0$

$A^{-1} = \dfrac{[Adj(A)]^t}{|A|} = \begin{pmatrix} 0 & 1 \\ -1 & 0 \end{pmatrix}$

**3** *Resolución*

$f(x) = x^2 + 10x$

La pendiente de la tangente es la derivada: $f'(x) = 2x + 10$

La tangente a $f(x)$ paralela a $y = 4x$ tiene que tener la pendiente igual a 4:

$$2x + 10 = 4 \rightarrow 2x = -6 \rightarrow x = -3$$

Como $f(-3) = -21$, el punto pedido es el $(-3, -21)$.

**4** *Resolución*

La función $f(x)$ será una primitiva de $f'(x) = x^3 + 2x$:

$$f(x) = \int (x^3 + 2x)\, dx = \frac{x^4}{4} + x^2 + k$$

Como $f(2) = 5$:

$$f(2) = 4 + 4 + k = 5 \rightarrow k = -3$$

La función buscada es $f(x) = \dfrac{x^4}{4} + x^2 - 3$.

## PARTE B

**1** *Resolución*

a) Se trata de un problema de programación lineal.

| | 1.er MODELO | 2.º MODELO | DISPONIBILIDAD |
|---|---|---|---|
| CORTE DE PIEZAS | 15 | 20 | 600 |
| ENSAMBLAJE | 50 | 25 | 1 250 |
| NECESIDADES | 8 | | |
| PRECIO DE VENTA | 150 | 300 | |

$x = $ n.º de mesas del 1.er modelo

$y = $ n.º de mesas del 2.º modelo

Restricciones:

$$\begin{cases} 15x + 20y \leq 600 \rightarrow 3x + 4y \leq 120 \rightarrow y \leq \dfrac{120 - 3x}{4} \\ 50x + 25y \leq 1\,250 \rightarrow 2x + y \leq 50 \rightarrow y \leq 50 - 2x \\ x \geq 8 \\ y \geq 0 \end{cases}$$

La región factible es la zona sombreada:

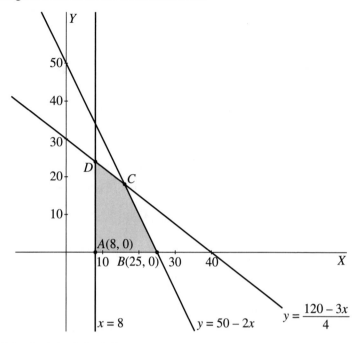

- Cálculo del vértice $C$:

$$\left. \begin{array}{l} y = \dfrac{120 - 3x}{4} \\ y = 50 - 2x \end{array} \right\} \rightarrow \dfrac{120 - 3x}{4} = 50 - 2x \rightarrow 120 - 3x = 200 - 8x \rightarrow$$
$$\rightarrow 5x = 80 \rightarrow x = 16 \rightarrow C = (16, 18)$$

- Cálculo del vértice $D$:

$$\left. \begin{array}{l} y = \dfrac{120 - 3x}{4} \\ x = 8 \end{array} \right\} \rightarrow D = (8, 24)$$

b) La función objetivo a maximizar es:

$F(x, y) = 150x + 300y$

Para hallar el máximo, sustituimos los vértices de la región factible en la función objetivo:

$F(8, 0) = 1\,200$     $F(25, 0) = 3\,750$

$F(16, 18) = 7\,800$     $F(8, 24) = 8\,400$

Para conseguir los ingresos máximos, debe hacer al día 8 mesas del primer modelo y 24 mesas del segundo modelo.

**2** *Resolución*

a) $v(t) = \begin{cases} 10 - (t-3)^2 & 0 \leq t \leq 4 \\ \dfrac{9}{t-3} & t > 4 \end{cases}$

- Las funciones parciales que forman $v(t)$ son continuas en el intervalo en que están definidas.

- Estudiamos la continuidad para $t = 4$:

$$\lim_{t \to 4^-} v(t) = \lim_{t \to 4} [10 - (t-3)^2] = 9$$

$$\lim_{t \to 4^+} v(t) = \lim_{t \to 4} \frac{9}{t-3} = 9$$

Como $\lim_{t \to 4^-} v(t) = \lim_{t \to 4^+} v(t) = v(4)$, la función velocidad, $v(t)$, es continua en $t = 4$.

b) $v'(t) = \begin{cases} -2(t-3) & 0 < t < 4 \\ -\dfrac{9}{(t-3)^2} & t > 4 \end{cases}$

Para calcular los intervalos de crecimmiento obtenemos los valores que anulan la primera derivada:

$-2(t-3) = 0 \rightarrow t = 3$

$-\dfrac{9}{(t-3)^2} < 0$, para todo $t$

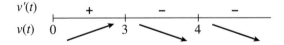

La función $v(t)$ crece hasta las 3 horas y decrece a partir de ese momento.

La velocidad máxima que alcanza el aparato es de 10 m/s, y la consigue a las tres horas de comenzar a moverse.

c) $\lim_{t \to +\infty} \dfrac{9}{t-3} = 0$

Si dejamos que el tiempo crezca ilimitadamente, el artefacto tiende a pararse, aunque nunca llega a hacerlo.

## PARTE C

**1** *Resolución*

Para resolver el problema utilizamos el siguiente diagrama en árbol:

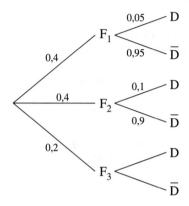

a) $P[F_1 \cap D] = 0{,}4 \cdot 0{,}05 = 0{,}02$

El 2% de las lavadoras han sido fabricadas en la primera factoría y tienen el tambor defectuoso.

b) $P[\overline{D}] = 0{,}93 \rightarrow P[D] = 1 - 0{,}93 = 0{,}07$

$P[D] = 0{,}4 \cdot 0{,}05 + 0{,}4 \cdot 0{,}1 + 0{,}2 \cdot P[D/F_3] = 0{,}07 \rightarrow$

$\rightarrow 0{,}06 + 0{,}2 \cdot P[D/F_3] = 0{,}07 \rightarrow P[D/F_3] = \dfrac{0{,}07 - 0{,}06}{0{,}2} = 0{,}05$

El 5% de las lavadoras de la tercera factoría presentan el tambor defectuoso.

c) $P[F_2/D] = \dfrac{0{,}4 \cdot 0{,}1}{0{,}07} = \dfrac{0{,}04}{0{,}07} = \dfrac{4}{7} = 0{,}57$

**2** *Resolución*

a) El tiempo dedicado a ver tele sigue una distribución $x = N(175, 42)$.

El tiempo medio que una muestra de 36 individuos dedica a ver televisión sigue una distribución $\overline{x} = N\left(175, \dfrac{42}{\sqrt{36}}\right) = N(175, 7)$.

$P[165 < \overline{x} < 180] = P\left[\dfrac{165 - 175}{7} < z < \dfrac{180 - 175}{7}\right] =$

$= P[-1{,}43 < z < 0{,}71] = \Phi(0{,}71) + \Phi(143) - 1 =$

$= 0{,}7612 + 0{,}9236 - 1 = 0{,}6848$

b) Los intervalos de confianza para la media tienen la forma:

$$\left(\bar{x} - z_{\alpha/2} \cdot \frac{\sigma}{\sqrt{n}},\ \bar{x} + z_{\alpha/2} \cdot \frac{\sigma}{\sqrt{n}}\right)$$

A una confianza del 95% le corresponde un $z_{\alpha/2} = 1{,}96$:

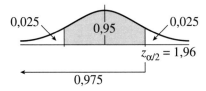

Por tanto, el intervalo pedido es:

$$\left(170 - 1{,}96 \cdot \frac{42}{\sqrt{36}};\ 170 + 1{,}96 \cdot \frac{42}{\sqrt{36}}\right) = (156{,}28;\ 183{,}72)$$

# PRUEBA DE SELECTIVIDAD

## ACLARACIONES PREVIAS

*El alumno deberá elegir una de las dos opciones, A o B, que figuran en el presente examen y contestar razonadamente a los cuatro ejercicios de que consta dicha opción. Para la realización de esta prueba puede utilizarse calculadora científica, siempre que no disponga de capacidad de representación gráfica o de cálculo simbólico.*

*La puntuación máxima de cada ejercicio se indica en el encabezamiento del mismo.*

*Tiempo: 90 minutos.*

### OPCIÓN A

**1** (Puntuación máxima: 3 puntos)

Se considera el siguiente sistema lineal de ecuaciones, dependiente del parámetro real $k$:

$$\begin{cases} x + y + kz = 4 \\ 2x - y + 2z = 5 \\ -x + 3y - z = 0 \end{cases}$$

a) Discútase el sistema según los diferentes valores del parámetro $k$.

b) Resuélvase el sistema en el caso en que tenga infinitas soluciones.

c) Resuélvase el sistema para $k = 0$.

**2** (Puntuación máxima: 3 puntos)

Se considera la función real de variable real definida por:

$$f(x) = (x^2 - 1)^2$$

a) Determínense los extremos relativos de $f$.

b) Hállese la ecuación de la recta tangente a la gráfica de $f$ en el punto de abscisa $x = 3$.

c) Calcúlese el área del recinto plano acotado limitado por la gráfica de $f$ y el eje $OX$.

**3** (Puntuación máxima: 2 puntos)

Se consideran tres sucesos $A$, $B$, $C$ de un experimento aleatorio tales que:

$$P[A] = \frac{1}{2};\ P[B] = \frac{1}{3};\ P[C] = \frac{1}{4};\ P[A \cup B \cup C] = \frac{2}{3}$$

$$P[A \cap B \cap C] = 0;\ P[A/B] = P[C/A] = \frac{1}{2}$$

a) Calcúlese $P[C \cap B]$.

b) Calcúlese $P[\overline{A} \cup \overline{B} \cup \overline{C}]$. La notación $\overline{A}$ representa al suceso complementario de $A$.

**4** (Puntuación máxima: 2 puntos)

Se supone que el gasto mensual dedicado al ocio por una familia de un determinado país se puede aproximar por una variable aleatoria con distribución normal de desviación típica igual a 55 euros. Se ha elegido una muestra aleatoria simple de 81 familias, obteniéndose un gasto medio de 320 euros.

a) ¿Se puede asegurar que el valor absoluto del error de la estimación del gasto medio por familia mediante la media de la muestra es menor que 10 euros con un grado de confianza del 95%? Razónese la respuesta.

b) ¿Cuál es el tamaño muestral mínimo que debe tomarse para poder asegurarlo?

## OPCIÓN B

**1** (Puntuación máxima: 3 puntos)

Una refinería utiliza dos tipos de petróleo, $A$ y $B$, que compra a un precio de 350 euros y 400 euros por tonelada, respectivamente. Por cada tonelada de petróleo de tipo $A$ que refina, obtiene 0,10 toneladas de gasolina y 0,35 toneladas de fuel-oil. Por cada tonelada de petróleo de tipo $B$ que refina, obtiene 0,05 toneladas de gasolina y 0,55 toneladas de fuel-oil. Para cubrir sus necesidades necesita obtener al menos 10 toneladas de gasolina y al menos 50 toneladas de fuel-oil. Por cuestiones de capacidad, no puede comprar más de 100 toneladas de cada tipo de petróleo. ¿Cuántas toneladas de petróleo de cada tipo debe comprar la refinería para cubrir sus necesidades a mínimo coste? Determinar dicho coste mínimo.

**2** (Puntuación máxima: 3 puntos)

Se considera la función real de variable real definida por:
$$f(x) = \frac{2x-1}{x^2 - x - a}$$

a) Determínense las asíntotas de $f$, especificando los valores del parámetro real $a$ para los cuales $f$ tiene una asíntota vertical, dos asíntotas verticales, o bien no tiene asíntotas verticales.

b) Para $a = -1$, calcúlense los valores reales de $b$ para los cuales se verifica que $\int_0^b f(x)\, dx = 0$.

**3** (Puntuación máxima: 2 puntos)

Para la construcción de un luminoso de feria se dispone de un contenedor con 200 bombillas blancas, 120 bombillas azules y 80 bombillas rojas. La probabilidad de que una bombilla del contenedor no funcione es igual a 0,01 si la bombilla es blanca, es igual a 0,02 si la bombilla es azul e igual a 0,03 si la bombilla es roja. Se elige al azar una bombilla del contenedor.

a) Calcúlese la probabilidad de que la bombilla elegida no funcione.

b) Sabiendo que la bombilla elegida no funciona, calcúlese la probabilidad de que dicha bombilla sea azul.

**4** (Puntuación máxima: 2 puntos)

Se supone que la cantidad de agua (en litros) recogida cada día en una estación meteorológica se puede aproximar por una variable aleatoria con distribución normal de desviación típica igual a 2 litros. Se elige una muestra aleatoria simple y se obtienen las siguientes cantidades de agua recogidas cada día (en litros):

9,1   4,9   7,3   2,8   5,5   6,0   3,7   8,6   4,5   7,6

a) Determínese un intervalo de confianza para la cantidad media de agua recogida cada día en dicha estación, con un grado de confianza del 95%.

b) Calcúlese el tamaño muestral mínimo necesario para que al estimar la media del agua recogida cada día en la estación meteorológica mediante la media de dicha muestra, la diferencia en valor absoluto entre ambos valores sea inferior a 1 litro, con un grado de confianza del 98%.

*Madrid. Junio, 2009*

# SOLUCIÓN DE LA PRUEBA

Madrid

## OPCIÓN A

**1** *Resolución*

a) $\begin{cases} x + y + kz = 4 \\ 2x - y + 2z = 5 \\ -x + 3y - z = 0 \end{cases} \rightarrow M' = \underbrace{\begin{pmatrix} 1 & 1 & k \\ 2 & -1 & 2 \\ -1 & 3 & -1 \end{pmatrix}}_{M} \begin{matrix} 4 \\ 5 \\ 0 \end{matrix}$

$|M| = \begin{vmatrix} 1 & 1 & k \\ 2 & -1 & 2 \\ -1 & 3 & -1 \end{vmatrix} = 5k - 5 = 0 \rightarrow k = 1$

- Si $k \neq 1 \rightarrow ran(M) = ran(M') = 3 = $ n.° de incógnitas. El sistema es compatible determinado.

- Si $k = 1$:

$M' = \begin{pmatrix} 1 & 1 & 1 & 4 \\ 2 & -1 & 2 & 5 \\ -1 & 3 & -1 & 0 \end{pmatrix}$

$\begin{vmatrix} 1 & 1 \\ 2 & -1 \end{vmatrix} = -3 \neq 0 \rightarrow ran(M) = 2$

$\begin{vmatrix} 1 & 1 & 4 \\ 2 & -1 & 5 \\ -1 & 3 & 0 \end{vmatrix} = 0 \rightarrow ran(M') = 2$

Como $ran(M) = ran(M') = 2 < $ n.° de incógnitas, el sistema es compatible indeterminado.

b) El sistema tiene infinitas soluciones para $k = 1$. Como el rango es 2, eliminamos la 3.ª ecuación por ser combinación lineal de las dos primeras y pasamos $z$ al 2.° miembro como parámetro:

$\begin{cases} x + y + z = 4 \\ 2x - y + 2z = 5 \end{cases} \rightarrow \begin{cases} x + y = 4 - z \\ 2x - y = 5 - 2z \end{cases}$

Resolvemos por Cramer:

$x = \dfrac{\begin{vmatrix} 4-z & 1 \\ 5-2z & -1 \end{vmatrix}}{\begin{vmatrix} 1 & 1 \\ 2 & -1 \end{vmatrix}} = \dfrac{3z - 9}{-3} = 3 - z$

$$y = \dfrac{\begin{vmatrix} 1 & 4-z \\ 2 & 5-2z \end{vmatrix}}{-3} = \dfrac{-3}{-3} = 1$$

Las soluciones son: $x = 3 - t$; $y = 1$; $z = t$

c) Si $k = 0$, el sistema tiene una única solución.

$$\begin{cases} x + y = 4 \\ 2x - y + 2z = 5 \\ -x + 3y - z = 0 \end{cases}$$

Resolvemos por Cramer:

$$x = \dfrac{\begin{vmatrix} 4 & 1 & 0 \\ 5 & -1 & 2 \\ 0 & 3 & -1 \end{vmatrix}}{\begin{vmatrix} 1 & 1 & 0 \\ 2 & -1 & 2 \\ -1 & 3 & -1 \end{vmatrix}} = \dfrac{-15}{-5} = 3; \quad y = \dfrac{\begin{vmatrix} 1 & 4 & 0 \\ 2 & 5 & 2 \\ -1 & 0 & -1 \end{vmatrix}}{-5} = \dfrac{-5}{-5} = 1$$

$$z = \dfrac{\begin{vmatrix} 1 & 1 & 4 \\ 2 & -1 & 5 \\ -1 & 3 & 0 \end{vmatrix}}{-5} = \dfrac{0}{-5} = 0$$

## 2 *Resolución*

a) $f(x) = (x^2 - 1)^2$

Para hallar los extremos relativos derivamos e igualamos a cero:

$$f'(x) = 2(x^2 - 1) \cdot 2x = 4x(x^2 - 1) = 0 \begin{cases} x = 0 \\ x = \pm 1 \end{cases}$$

| $f'(x)$ | − | + | − | + |
|---|---|---|---|---|
| $f(x)$ | ↘ −1 | ↗ 0 | ↘ 1 | ↗ |

En $(-1, 0)$ y $(1, 0)$ presenta mínimos relativos, y en $(0, 1)$ presenta un máximo relativo.

b) La pendiente de la tangente es la derivada:

$f'(3) = 96 = m_3$

El punto de tangencia es $(3, f(3)) = (3, 64)$.

La ecuación de la tangente pedida es:

$y - 64 = 96(x - 3) \rightarrow y = 96x - 224$

c) Dibujamos la gráfica de $f(x)$:

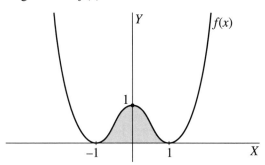

Hay que hallar el área de la zona sombreada:

$$A = 2\int_0^1 (x^2 - 1)^2 \, dx = 2\int_0^1 (x^4 - 2x^2 + 1) \, dx = 2\left[\frac{x^5}{5} - \frac{2x^3}{3} + x\right]_0^1 =$$

$$= 2\left(\frac{1}{5} - \frac{2}{3} + 1\right) = \frac{16}{15} \, u^2$$

**3** *Resolución*

$P[A] = \dfrac{1}{2};\ P[B] = \dfrac{1}{3};\ P[C] = \dfrac{1}{4}$

$P[A \cup B \cup C] = \dfrac{2}{3};\ P[A \cap B \cap C] = 0;\ P[A/B] = P[C/A] = \dfrac{1}{2}$

a) $P[A \cap B] = P[A/B] \cdot P[B] = \dfrac{1}{2} \cdot \dfrac{1}{3} = \dfrac{1}{6}$

$P[A \cap C] = P[C/A] \cdot P[A] = \dfrac{1}{2} \cdot \dfrac{1}{2} = \dfrac{1}{4}$

Como $P[A \cap B \cap C] = 0$, dibujamos un posible diagrama:

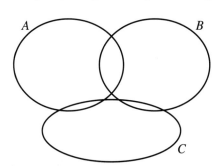

En este caso:

$P[A \cup B \cup C] = P[A] + P[B] + P[C] -$
$\quad - P[A \cap B] - P[A \cap C] - P[B \cap C] \rightarrow$
$\rightarrow \dfrac{2}{3} = \dfrac{1}{2} + \dfrac{1}{3} + \dfrac{1}{4} - \dfrac{1}{6} - \dfrac{1}{4} - P[B \cap C] \rightarrow$
$\rightarrow P[B \cap C] = 0$

b) Como $P[B \cap C] = 0 \rightarrow P[\overline{B \cap C}] = 1 \rightarrow$
$\quad \rightarrow P[\overline{B} \cup \overline{C}] = P[\overline{B \cap C}] = 1 \rightarrow$
$\quad \rightarrow P[\overline{A} \cup \overline{B} \cup \overline{C}] = 1$

### 4  Resolución

a) El error máximo admisible es $E = z_{\alpha/2} \cdot \dfrac{\sigma}{\sqrt{n}}$.

A una confianza del 95% le corresponde un $z_{\alpha/2} = 1{,}96$:

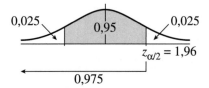

Por tanto:

$E = 1{,}96 \cdot \dfrac{55}{\sqrt{81}} = 11{,}98 > 10$

No se puede asegurar con una confianza del 95% que el valor absoluto del error de la estimación del gasto medio por familia mediante la media de la muestra sea menor que 10 euros.

b) $10 = 1{,}96 \cdot \dfrac{55}{\sqrt{n}} \rightarrow \sqrt{n} = \dfrac{1{,}96 \cdot 55}{10} = 10{,}78 \rightarrow n = 116{,}2$

Para poder asegurar que el error es menor que 10 euros, con las condiciones anteriores, ha de tomarse como mínimo una muestra de 117 familias.

## OPCIÓN B

### 1  Resolución

Se trata de un problema de programación lineal.

|  | A | B | NECESIDADES |
|---|---|---|---|
| GASOLINA | 0,10 | 0,05 | 10 |
| FUEL-OIL | 0,35 | 0,55 | 50 |
| COSTE | 350 | 400 | |

$x =$ n.° de toneladas de petróleo de tipo $A$ que debe comprar
$y =$ n.° de toneladas de petróleo de tipo $B$ que debe comprar
Las restricciones son:

$$\begin{cases} 0{,}10x + 0{,}05y \geq 10 \;\rightarrow\; 10x + 5y \geq 1\,000 \;\rightarrow\; 2x + y \geq 200 \;\rightarrow\; \\ \qquad\qquad\qquad\qquad\qquad\qquad\qquad\qquad\rightarrow\; y \geq 200 - 2x \\ 0{,}35x + 0{,}55y \geq 50 \;\rightarrow\; 35x + 55y \geq 5\,000 \;\rightarrow\; 7x + 11y \geq 1\,000 \;\rightarrow\; \\ \qquad\qquad\qquad\qquad\qquad\qquad\qquad\qquad\rightarrow\; y \geq \dfrac{100 - 7x}{11} \\ 0 \leq x \leq 100 \\ 0 \leq y \leq 100 \end{cases}$$

La región factible es la zona sombreada:

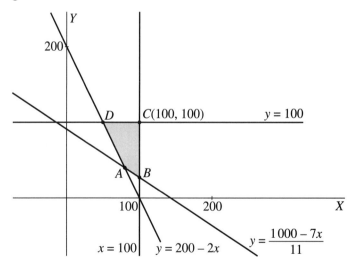

- Cálculo del vértice $A$:

$$\left. \begin{array}{l} y = \dfrac{1\,000 - 7x}{11} \\ y = 200 - 2x \end{array} \right\} \;\rightarrow\; \dfrac{1\,000 - 7x}{11} = 200 - 2x \;\rightarrow$$

$$\rightarrow\; 1\,000 - 7x = 2\,200 - 22x \;\rightarrow$$
$$\rightarrow\; 15x = 1\,200 \;\rightarrow\; x = 80 \;\rightarrow\; A = (80, 40)$$

- Cálculo del vértice $B$:

$$\left.\begin{array}{l} y = \dfrac{1\,000 - 7x}{11} \\ x = 100 \end{array}\right\} \rightarrow B = \left(100, \dfrac{300}{11}\right)$$

- Cálculo del vértice $D$:

$$\left.\begin{array}{l} y = 200 - 2x \\ y = 100 \end{array}\right\} \rightarrow 200 - 2x = 100 \rightarrow 2x = 100 \rightarrow x = 50 \rightarrow D = (50, 100)$$

La función objetivo a minimizar es $F(x, y) = 350x + 400y$.

Para hallar el mínimo, sustituimos los vértices de la región factible en la función objetivo:

$$F(80, 40) = 44\,000 \qquad F\left(100, \dfrac{300}{11}\right) = 45\,909,1$$

$$F(100, 100) = 75\,000 \qquad F(50, 100) = 57\,500$$

El coste mínimo asciende a 44 000 € y se logra comprando 80 toneladas de petróleo tipo $A$ y 40 toneladas de petróleo de tipo $B$.

**2** *Resolución*

a) $f(x) = \dfrac{2x - 1}{x^2 - x - a}$

- Asíntotas verticales:

$$x^2 - x - a = 0 \rightarrow x = \dfrac{1 \pm \sqrt{1 - 4 \cdot 1 \cdot (-a)}}{2} = \dfrac{1 \pm \sqrt{1 + 4a}}{2}$$

— Si $1 + 4a > 0 \rightarrow 4a > -1 \rightarrow a > -\dfrac{1}{4}$, la función tiene dos asíntotas verticales:

$$x = \dfrac{1 + \sqrt{1 + 4a}}{2}$$

$$x = \dfrac{1 - \sqrt{1 + 4a}}{2}$$

— Si $1 + 4a = 0 \rightarrow a = -\dfrac{1}{4}$, $f(x)$ tiene una asíntota vertical en $x = \dfrac{1}{2}$.

— Si $1 + 4a < 0$, $f(x)$ no tiene asíntotas verticales.

- Asíntotas horizontales:

$$\lim_{x \to \pm\infty} \dfrac{2x - 1}{x^2 - x - a} = 0$$

La recta $y = 0$ es una asíntota horizontal para todo valor de $a$.

b) $\int_0^b \dfrac{2x-1}{x^2-x+1}\,dx = \left[\ln|x^2-x+1|\right]_0^b = \ln|b^2-b+1| - \ln 1 =$

$= \ln|b^2-b+1| = 0 \rightarrow b^2-b+1 = 1 \rightarrow$

$\rightarrow b^2-b = 0 \rightarrow b(b-1) = 0 \begin{cases} b=0 \\ b=1 \end{cases}$

## 3 *Resolución*

Para resolver el problema utilizamos el siguiente diagrama en árbol:

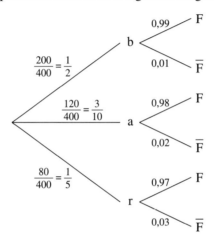

a) $P[\overline{F}] = \dfrac{1}{2}\cdot 0{,}01 + \dfrac{3}{10}\cdot 0{,}02 + \dfrac{1}{5}\cdot 0{,}03 = 0{,}017$

b) $P[a/\overline{F}] = \dfrac{\dfrac{3}{10}\cdot 0{,}02}{0{,}017} = 0{,}35$

## 4 *Resolución*

a) Calculamos la media de la muestra:

$$\overline{x} = \dfrac{9{,}1 + 4{,}9 + 7{,}3 + 2{,}8 + 5{,}5 + 6 + 3{,}7 + 8{,}6 + 4{,}5 + 7{,}6}{10} =$$

$$= \dfrac{60}{10} = 6 \text{ litros}$$

Los intervalos de confianza tienen la forma:

$$\left(\overline{x} - z_{\alpha/2}\cdot \dfrac{\sigma}{\sqrt{n}},\ \overline{x} + z_{\alpha/2}\cdot \dfrac{\sigma}{\sqrt{n}}\right)$$

A una confianza del 95% le corresponde un $z_{\alpha/2} = 1,96$:

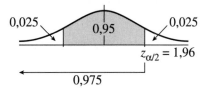

El intervalo pedido es:

$$\left(6 - 1,96 \cdot \frac{2}{\sqrt{10}};\; 6 + 1,96 \cdot \frac{2}{\sqrt{10}}\right) = (4,76;\; 7,24)$$

b) La diferencia entre la media poblacional y la media muestral es el error máximo admisible: $E = z_{\alpha/2} \cdot \dfrac{\sigma}{\sqrt{n}}$.

A una confianza del 98% le corresponde un $z_{\alpha/2} = 2,33$:

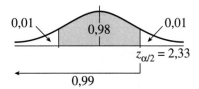

Por tanto:

$$1 = 2,33 \cdot \frac{2}{\sqrt{n}} \;\rightarrow\; \sqrt{n} = 4,66 \;\rightarrow\; n = 21,7$$

La muestra ha de tener, como mínimo, tamaño 22.

# 13

## PRUEBA DE SELECTIVIDAD

### ACLARACIONES PREVIAS

*El alumno deberá responder a una sola de las dos cuestiones de cada uno de los bloques. La puntuación de las dos cuestiones de cada bloque es la misma y se indica en la cabecera del bloque.*

*Solo se podrán usar las tablas estadísticas que se adjuntan.*

### BLOQUE 1 (3 puntos)

**1** Estudiar el siguiente sistema para los distintos valores de $\lambda$ y resolverlo para el valor $\lambda = 1$:

$$\begin{cases} x + y - z = \lambda \\ x - y + 2z = 1 \\ 2x + y + \lambda z = 0 \end{cases}$$

**2** Un atleta debe tomar por lo menos 4 unidades de vitamina A, 6 unidades de vitamina B y 23 de vitamina C cada día. Existen en el mercado dos productos, $P_1$ y $P_2$, que en cada bote contienen las siguientes unidades de esas vitaminas:

|       | A | B | C  |
|-------|---|---|----|
| $P_1$ | 4 | 1 | 6  |
| $P_2$ | 1 | 6 | 10 |

Si el precio de un bote del producto $P_1$ es de 100 euros y el de un bote del producto $P_2$ es de 160 euros, averiguar:

a) ¿Cómo deben mezclarse ambos productos para obtener la dieta deseada con el mínimo precio?

b) ¿Qué cantidad tomará de cada vitamina si decide gastar lo menos posible?

## BLOQUE 2 (2 puntos)

**1** La función $f(x) = x^3 + px^2 + q$ tiene un valor mínimo relativo igual a 3 en el punto de abscisa $x = 2$. Hallar los valores de los parámetros $p$ y $q$.

**2** Dada la curva

$$y = \frac{x+1}{x^2 + x - 2}$$

calcular:

a) El dominio.

b) Las asíntotas.

c) Hacer una representación gráfica de la misma.

## BLOQUE 3 (1,5 puntos)

**1** Hallar las dimensiones de un campo rectangular de 3 600 metros cuadrados de superficie para poderlo cercar con una valla de longitud mínima.

**2** Calcular el área del recinto limitado por la parábola $y = 4 - x^2$ y la recta $y = x + 2$. Hacer una representación gráfica aproximada de dicha área.

## BLOQUE 4 (2 puntos)

**1** En un centro escolar, los alumnos pueden optar por cursar como lengua extranjera inglés o francés. En un determinado curso el 90% de los alumnos estudian inglés y el resto francés. El 30% de los alumnos que estudian inglés son varones. De los que estudian francés, el 40% son chicos. Elegido un alumno al azar, ¿cuál es la probabilidad de que sea chica?

**2** Se estima que la probabilidad de que un jugador de balonmano marque un gol al lanzar un tiro de siete metros es del 75%. Si en un partido le corresponde lanzar tres de estos tiros, calcular:

a) La probabilidad de marcar un gol tras realizar los tres lanzamientos.

b) La probabilidad de marcar dos goles tras realizar los tres lanzamientos.

c) La probabilidad de marcar tres goles tras realizar los tres lanzamientos.

d) La probabilidad de marcar solo en el primer lanzamiento.

## BLOQUE 5 (1,5 puntos)

**1** El número de accidentes mortales en una ciudad es, en promedio, de doce mensuales. Tras una campaña de señalización y adecentamiento de las vías urbanas, se contabilizaron en seis meses sucesivos 8, 11, 9, 7, 10 y 9 accidentes mortales. Suponiendo que el número de accidentes mortales en dicha ciudad tiene una distribución normal con una desviación típica igual a 1,3 ¿podemos afirmar que la campaña fue efectiva con un nivel de significación de 0,01?

**2** Se sabe que el peso de los recién nacidos sigue una distribución normal con media desconocida y desviación típica igual a 0,75 kilogramos. Si en una muestra aleatoria simple de cien de ellos se obtiene una media muestral de 3 kilogramos, calcular un intervalo de confianza para la media poblacional que presente una confianza del 95%.

*Murcia. Junio, 2009*

# SOLUCIÓN DE LA PRUEBA

Murcia

## BLOQUE 1

**1** *Resolución*

$$\begin{cases} x+y-z=\lambda \\ x-y+2z=1 \\ 2x+y+\lambda z=0 \end{cases} \to M' = \begin{pmatrix} 1 & 1 & -1 & \vdots & \lambda \\ 1 & -1 & 2 & \vdots & 1 \\ 2 & 1 & \lambda & \vdots & 0 \end{pmatrix}$$

$$\underbrace{\phantom{\begin{pmatrix} 1 & 1 & -1 \\ 1 & -1 & 2 \\ 2 & 1 & \lambda \end{pmatrix}}}_{M}$$

$$|M| = \begin{vmatrix} 1 & 1 & -1 \\ 1 & -1 & 2 \\ 2 & 1 & \lambda \end{vmatrix} = -2\lambda - 1 = 0 \to \lambda = -\frac{1}{2}$$

- Si $\lambda \neq -\dfrac{1}{2} \to ran(M) = ran(M') = 3 =$ n.° de incógnitas.

  El sistema es compatible determinado.

- Si $\lambda = -\dfrac{1}{2} \to M' = \begin{pmatrix} 1 & 1 & -1 & \vdots & -1/2 \\ 1 & -1 & 2 & \vdots & 1 \\ 2 & 1 & -1/2 & \vdots & 0 \end{pmatrix}$

  $\begin{vmatrix} 1 & 1 \\ 1 & -1 \end{vmatrix} \neq 0 \to ran(M) = 2$

  $\begin{vmatrix} 1 & 1 & -1/2 \\ 1 & -1 & 1 \\ 2 & 1 & 0 \end{vmatrix} = -\dfrac{1}{2} \neq 0 \to ran(M') = 3$

  Como $ran(M) \neq ran(M')$, el sistema es incompatible.

- Resolución para $\lambda = 1$:

$$\begin{cases} x+y-z=1 \\ x-y+2z=1 \\ 2x+y+z=0 \end{cases}$$

$$x = \dfrac{\begin{vmatrix} 1 & 1 & -1 \\ 0 & -1 & 2 \\ 0 & 1 & 1 \end{vmatrix}}{\begin{vmatrix} 1 & 1 & -1 \\ 1 & -1 & 2 \\ 2 & 1 & 1 \end{vmatrix}} = \dfrac{-5}{-3} = \dfrac{5}{3}; \quad y = \dfrac{\begin{vmatrix} 1 & 1 & -1 \\ 1 & 1 & 2 \\ 2 & 0 & 1 \end{vmatrix}}{-3} = \dfrac{6}{-3} = -2$$

$$z = \frac{\begin{vmatrix} 1 & 1 & 1 \\ 1 & -1 & 1 \\ 2 & 1 & 0 \end{vmatrix}}{-3} = \frac{4}{-3}$$

**2** *Resolución*

a) Se trata de un problema de programación lineal.

$x = $ n.° de botes de $P_1$

$y = $ n.° de botes de $P_2$

Restricciones:

$$\begin{cases} 4x + y \geq 4 \rightarrow y \geq 4 - 4x \\ x + 6y \geq 6 \rightarrow y \geq \dfrac{6 - x}{6} \\ 6x + 10y \geq 23 \rightarrow y \geq \dfrac{23 - 6x}{10} \\ x \geq 0 \\ y \geq 0 \end{cases}$$

La región factible es la zona sombreada:

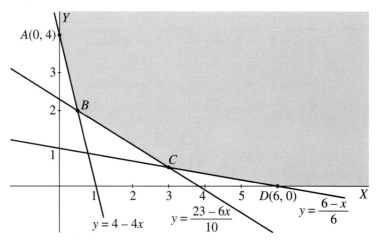

- Cálculo del vértice $B$:

$$\left. \begin{array}{l} y = 4 - 4x \\ y = \dfrac{23 - 6x}{10} \end{array} \right\} \rightarrow 4 - 4x = \dfrac{23 - 6x}{10} \rightarrow 40 - 40x = 23 - 6x \rightarrow$$

$$\rightarrow 17 = 34x \rightarrow x = \dfrac{1}{2} \rightarrow B = \left(\dfrac{1}{2}, 2\right)$$

- Cálculo del vértice $C$:

$$\left. \begin{array}{l} y = \dfrac{6-x}{6} \\ y = \dfrac{23-6x}{10} \end{array} \right\} \to \dfrac{6-x}{6} = \dfrac{23-6x}{10} \to 60 - 10x = 138 - 36x \to$$

$$\to 26x = 78 \to x = 3 \to C = \left(3, \dfrac{1}{2}\right)$$

La función objetivo a minimizar es:

$$F(x, y) = 100x + 160y$$

Para obtener el mínimo, sustituimos los vértices de la región factible en la función objetivo:

$$F(0, 4) = 640 \qquad F\left(\dfrac{1}{2}, 2\right) = 370$$

$$F\left(3, \dfrac{1}{2}\right) = 380 \qquad F(6, 0) = 600$$

Para obtener la dieta deseada con el mínimo precio, deben mezclarse medio bote de $P_1$ con dos botes de $P_2$.

b) Vitamina A $\to$ $4 \cdot \dfrac{1}{2} + 1 \cdot 2 = 4$ unidades

Vitamina B $\to$ $1 \cdot \dfrac{1}{2} + 6 \cdot 2 = 12,5$ unidades

Vitamina C $\to$ $6 \cdot \dfrac{1}{2} + 10 \cdot 2 = 23$ unidades

## BLOQUE 2

**1** *Resolución*

$f(x) = x^3 + px^2 + q$

- $f(2) = 3 \to 8 + 4p + q = 3 \quad (1)$
- $f'(x) = 3x^2 + 2px$

  $f'(2) = 0 \to 12 + 4p = 0 \to p = -3$

- Sustituyendo $p = -3$ en (1):

  $8 - 12 + q = 3 \to q = 7$

Luego la función buscada es $f(x) = x^3 - 3x^2 + 7$.

**2** *Resolución*

$$y = \frac{x+1}{x^2+x-2}$$

a) $x^2 + x - 2 = 0 \rightarrow x = \dfrac{-1 \pm \sqrt{1 - 4 \cdot 1 \cdot (-2)}}{2} = \dfrac{-1 \pm 3}{2} \begin{cases} x = 1 \\ x = -2 \end{cases}$

Los puntos que anulan el denominador son $x = 1$ y $x = -2$. Por tanto, el dominio de $f(x)$ es $\mathbb{R} - \{1, -2\}$

b) • Asíntotas verticales:

$$\lim_{x \to 1} f(x) = \lim_{x \to 1} \frac{x+1}{(x-1)(x+2)} = \begin{cases} ^{-}\dfrac{2}{0^{-}} = -\infty \\ ^{+}\dfrac{2}{0^{+}} = +\infty \end{cases}$$

La recta $x = 1$ es una asíntota vertical.

$$\lim_{x \to -2} f(x) = \lim_{x \to -2} \frac{x+1}{(x-1)(x+2)} = \begin{cases} ^{-}\dfrac{-1}{0^{+}} = -\infty \\ ^{+}\dfrac{-1}{0^{-}} = +\infty \end{cases}$$

La recta $x = -2$ es una asíntota vertical.

• Asíntotas horizontales:

$$\lim_{x \to \pm\infty} \frac{x+1}{x^2+x-2} = 0$$

La recta $y = 0$ es una asíntota horizontal.

c)

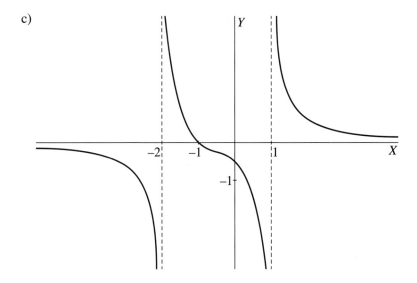

# BLOQUE 3

### 1 *Resolución*

Se trata de un problema de optimización.

$$\begin{cases} a \cdot b = 3600 & \leftarrow \text{condición} \\ L = 2a + 2b & \leftarrow \text{función a minimizar} \end{cases}$$

Despejamos $a$ de la condición: $a = \dfrac{3600}{b}$

Sustituimos en la función longitud: $L = \dfrac{7200}{b} + 2b$

Para hallar los extremos relativos, derivamos e igualamos a cero:

$$L' = -\frac{7200}{b^2} + 2 = 0 \;\to\; 2 = \frac{7200}{b^2} \;\to\; b^2 = 3600 \;\to\; b = 60 \text{ m}$$

Con la derivada segunda comprobamos que se trata de un mínimo:

$$L'' = \frac{14400}{b^3} \;\to\; L''(60) > 0, \text{ mínimo}$$

Por tanto, las dimensiones del campo serán $a = \dfrac{3600}{60} = 60$ m y $b = 60$ m.

### 2 *Resolución*

$y = 4 - x^2$ es una parábola de vértice $(0, 4)$ que corta al eje $OX$ en $(-2, 0)$ y $(2, 0)$.

- Cortes de la recta y la parábola:

$$\left.\begin{array}{l} y = 4 - x^2 \\ y = x + 2 \end{array}\right\} \to 4 - x^2 = x + 2 \to -x^2 - x + 2 = 0 \begin{array}{l} x = 1 \to (1, 3) \\ x = -2 \to (-2, 0) \end{array}$$

- Hay que hallar el área de la zona sombreada:

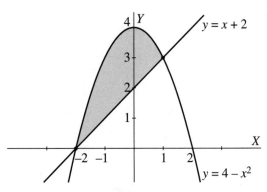

$$A = \int_{-2}^{1} [(4 - x^2) - (x + 2)]\, dx = \int_{-2}^{1} (-x^2 - x + 2)\, dx =$$

$$= \left[ -\frac{x^3}{3} - \frac{x^2}{2} + 2x \right]_{-2}^{1} = \left( -\frac{1}{3} - \frac{1}{2} + 2 \right) - \left( \frac{8}{3} - 2 - 4 \right) = \frac{9}{2}\, u^2$$

## BLOQUE 4

**1** *Resolución*

Para resolver el problema, utilizamos el siguiente diagrama en árbol:

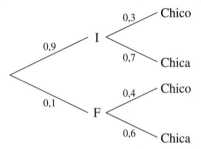

$P[\text{Chica}] = 0{,}9 \cdot 0{,}7 + 0{,}1 \cdot 0{,}6 = 0{,}69$

**2** *Resolución*

Para resolver el problema, utilizamos el siguiente diagrama en árbol:

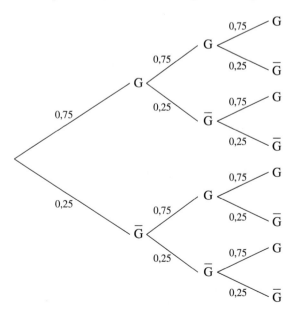

a) $P[\text{un gol}] = P[G, \overline{G}, \overline{G}] + P[\overline{G}, G, \overline{G}] + P[\overline{G}, \overline{G}, G] =$
$= 3 \cdot 0{,}75 \cdot 0{,}25 \cdot 0{,}25 = 0{,}14$

b) $P[\text{dos goles}] = P[G, G, \overline{G}] + P[G, \overline{G}, G] + P[\overline{G}, G, G] =$
$= 3 \cdot 0{,}75 \cdot 0{,}75 \cdot 0{,}25 = 0{,}42$

c) $P[\text{tres goles}] = P[G, G, G] = 0{,}75 \cdot 0{,}75 \cdot 0{,}75 = 0{,}42$

d) $P[G, \overline{G}, \overline{G}] = 0{,}75 \cdot 0{,}25 \cdot 0{,}25 = 0{,}047$

# BLOQUE 5

**1** *Resolución*

Planteamos un test de hipótesis unilateral para la media:

$H_0: \mu \leq 12$

$H_1: \mu > 12$

La zona de aceptación de la hipótesis nula tiene la forma:

$$\left(-\infty,\ \mu + z_\alpha \cdot \frac{\sigma}{\sqrt{n}}\right)$$

A un nivel de significación de 0,01 le corresponde un $z_\alpha = 2{,}33$:

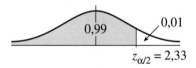

La zona de aceptación es, por tanto:

$$\left(-\infty;\ 12 + 2{,}33 \cdot \frac{1{,}3}{\sqrt{6}}\right) = (-\infty;\ 13{,}24)$$

Calculamos la media muestral:

$$\overline{x} = \frac{8 + 11 + 9 + 7 + 10 + 9}{6} = \frac{54}{6} = 9$$

Como $9 \in (-\infty;\ 13{,}24)$, podemos afirmar, con un nivel de significación del 0,01 que la campaña fue efectiva.

## 2. Resolución

Los intervalos de confianza para la media tienen la forma:

$$\left(\bar{x} - z_{\alpha/2} \cdot \frac{\sigma}{\sqrt{n}},\ \bar{x} + z_{\alpha/2} \cdot \frac{\sigma}{\sqrt{n}}\right)$$

A una confianza del 95% le corresponde un $z_{\alpha/2} = 1,96$:

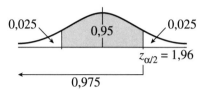

Sustituyendo los datos del problema, obtenemos el intervalo pedido:

$$\left(3 - 1,96 \cdot \frac{0,75}{\sqrt{100}};\ 3 + 1,96 \cdot \frac{0,75}{\sqrt{100}}\right) = (2,853;\ 3,147)$$

# PRUEBA DE SELECTIVIDAD

## ACLARACIONES PREVIAS

*El alumno elegirá una opción de cada uno de estos tres ejercicios.*

### EJERCICIO 1

**A** Dadas las matrices
$$A = \begin{pmatrix} 1 & -1 \\ 2 & 1 \end{pmatrix} \quad \text{y} \quad B = \begin{pmatrix} -2 & 0 \\ 1 & 2 \end{pmatrix}$$
calcular:

i) $(A + B)^2$ (4 puntos)

ii) $A^2 + B^2 + 2A \cdot B$ (4 puntos)

iii) ¿Son iguales los resultados de los apartados anteriores? Razonar la respuesta. (2 puntos)

**B** Una empresa de muebles fabrica dos modelos de armarios. Cada armario del primer modelo requiere 5 horas para su montaje, 1 hora de pulido y 1 hora para su embalaje y deja un beneficio de 300 euros. Cada armario del segundo modelo necesita 2 horas para el montaje, 1 hora de pulido y 2 horas de embalaje y su beneficio es de 400 euros. La empresa dispone de 40 horas para montaje, 10 horas para el pulido y 16 horas para el embalaje. ¿Cuál es la producción que maximiza el beneficio?

i) Plantear el problema. (4 puntos)

ii) Resolución gráfica. (4 puntos)

iii) Analizar gráficamente qué ocurre si el beneficio de cada armario del primer modelo aumenta en 100 euros. (2 puntos)

## EJERCICIO 2

**A** En el año 2000 se creó una asociación ecologista. El número de asociados varía con los años de acuerdo con la fórmula

$$N(t) = 2t^3 - 15t^2 + 24t + 124$$

donde $t$ es el tiempo en años transcurridos desde su creación y $N(t)$ el número de socios en $t$.

i) ¿Cuántos fueron los socios fundadores? (2 puntos)

ii) ¿En qué año se alcanzó el mínimo de socios? (4 puntos)

iii) Dibuja la gráfica de la evolución del número de socios. (4 puntos)

**B** Calcula las siguientes integrales:

i) $\displaystyle\int \frac{x^2 + 2x - 3}{x - 2} \, dx$ (4 puntos)

ii) $\displaystyle\int \frac{e^{\sqrt{2x}}}{\sqrt{x}} \, dx$ (3 puntos)

iii) $\displaystyle\int x\sqrt{1 + 2x^2} \, dx$ (3 puntos)

## EJERCICIO 3

**A** Una enfermedad puede ser producida por tres virus, A, B y C. En un laboratorio se tienen tres tubos con virus A, dos con virus B y cinco con virus C. La probabilidad de que el virus A produzca la enfermedad es 1/3, que la produzca el B es 2/3 y que la produzca el C es 1/7. Se inocula al azar un virus a un animal.

i) ¿Cuál es la probabilidad de que el animal contraiga la enfermedad? (5 puntos)

ii) Si el animal contrae la enfermedad, ¿cuál es la probabilidad de que el virus que se le inoculó fuera el C? (5 puntos)

**B** La antigüedad de los aviones comerciales sigue una distribución normal con una desviación típica de 8,28 años. Se toma una muestra de 40 aviones y la antigüedad media es de 13,41 años. Obtener un intervalo de confianza del 90% para la antigüedad media. (6 puntos)

¿Qué tamaño deberá tener la muestra para obtener un intervalo de confianza al 95% con la misma amplitud que el anterior? (4 puntos)

*Navarra. Junio, 2009*

# SOLUCIÓN DE LA PRUEBA

Navarra

## EJERCICIO 1

**A** *Resolución*

$$A = \begin{pmatrix} 1 & -1 \\ 2 & 1 \end{pmatrix}; \quad B = \begin{pmatrix} -2 & 0 \\ 1 & 2 \end{pmatrix}$$

i) $(A + B) = \begin{pmatrix} -1 & -1 \\ 3 & 3 \end{pmatrix}$

$(A + B)^2 = \begin{pmatrix} -1 & -1 \\ 3 & 3 \end{pmatrix} \begin{pmatrix} -1 & -1 \\ 3 & 3 \end{pmatrix} = \begin{pmatrix} -2 & -2 \\ 6 & 6 \end{pmatrix}$

ii) $A^2 = \begin{pmatrix} 1 & -1 \\ 2 & 1 \end{pmatrix} \begin{pmatrix} 1 & -1 \\ 2 & 1 \end{pmatrix} = \begin{pmatrix} -1 & -2 \\ 4 & -1 \end{pmatrix}$

$B^2 = \begin{pmatrix} -2 & 0 \\ 1 & 2 \end{pmatrix} \begin{pmatrix} -2 & 0 \\ 1 & 2 \end{pmatrix} = \begin{pmatrix} 4 & 0 \\ 0 & 4 \end{pmatrix}$

$AB = \begin{pmatrix} 1 & -1 \\ 2 & 1 \end{pmatrix} \begin{pmatrix} -2 & 0 \\ 1 & 2 \end{pmatrix} = \begin{pmatrix} -3 & -2 \\ -3 & 2 \end{pmatrix} \rightarrow 2AB = \begin{pmatrix} -6 & -4 \\ -6 & 4 \end{pmatrix}$

$A^2 + B^2 + 2AB = \begin{pmatrix} -1 & -2 \\ 4 & -1 \end{pmatrix} + \begin{pmatrix} 4 & 0 \\ 0 & 4 \end{pmatrix} + \begin{pmatrix} -6 & -4 \\ -6 & 4 \end{pmatrix} = \begin{pmatrix} -3 & -6 \\ -2 & 7 \end{pmatrix}$

iii) Los resultados de los apartados anteriores son diferentes. Esto se debe a que la multiplicación de matrices, en general, no es conmutativa: $AB \neq BA$. Por tanto:

$$(A + B)^2 = (A + B)(A + B) = A^2 + AB + BA + B^2 \neq A^2 + 2AB + B^2$$

**B** *Resolución*

i) Se trata de un problema de programación lineal.

|  | 1.<sup>er</sup> MODELO | 2.° MODELO | DISPONIBLE |
|---|---|---|---|
| MONTAJE | 5 | 2 | 40 |
| PULIDO | 1 | 1 | 10 |
| EMBALAJE | 1 | 2 | 16 |
| BENEFICIO | 300 | 400 |  |

$x$ = n.° de armarios fabricados del 1.<sup>er</sup> modelo

$y$ = n.° de armarios fabricados del 2.° modelo

Las restricciones son:

$$\begin{cases} 5x + 2y \leq 40 & \rightarrow \quad y \leq \dfrac{40 - 5x}{2} \\ x + y \leq 10 & \rightarrow \quad y \leq 10 - x \\ x + 2y \leq 16 & \rightarrow \quad y \leq \dfrac{16 - x}{2} \\ x \geq 0 \\ y \geq 0 \end{cases}$$

La región factible es la zona sombreada:

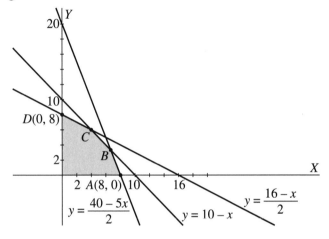

La función objetivo a maximizar es $F(x, y) = 300x + 400y$.

ii) Para resolver el problema planteado gráficamente, dibujamos la recta $300x + 400y = 0$, es decir, $y = (-3/4)x$, y trazamos paralelas a ella por cada uno de los vértices de la región factible:

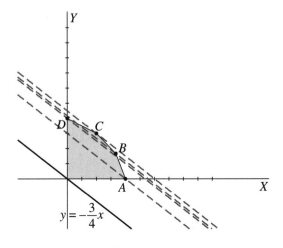

Observamos que la recta de nivel que corta más arriba al eje $OX$ es la correspondiente al vértice $C$. En ese vértice es donde la función objetivo alcanza su máximo.

- Cálculo del vértice $C$:

$$\left.\begin{array}{l} y = 10 - x \\ y = \dfrac{16 - x}{2} \end{array}\right\} \rightarrow 10 - x = \dfrac{16 - x}{2} \rightarrow 20 - 2x = 16 - x \rightarrow x = 4 \rightarrow$$

$$\rightarrow C = (4, 6)$$

El beneficio máximo que se puede obtener se logra produciendo 4 armarios del 1.$^{er}$ modelo y 6 armarios del 2.° modelo.

iii) Si el benefico de cada armario del primer modelo aumenta en 100 euros, la función a maximizar ahora es $G(x, y) = 400x + 400y$. Luego las rectas de nivel serán paralelas a $y = -x$:

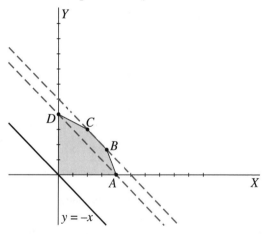

El máximo beneficio se obtiene ahora en todos los puntos de coordenadas enteras del segmento $\overline{BC}$, que son (6, 4), (5, 5) y (4, 6).

## EJERCICIO 2

**A** *Resolución*

i) $N(t) = 2t^3 - 15t^2 + 24t + 124$

$N(0) = 124$ fueron los socios fundadores.

ii) Para obtener el mínimo de socios derivamos e igualamos a cero.

$$N'(t) = 6t^2 - 30t + 24 = 0 \rightarrow t^2 - 5t + 4 = 0$$

$$t = \dfrac{5 \pm \sqrt{25 - 4 \cdot 1 \cdot 4}}{2} = \dfrac{5 \pm 3}{2} \begin{array}{l} t = 4 \\ t = 1 \end{array}$$

Con la derivada segunda decidimos cuál es el máximo y cuál el mínimo.

$N''(t) = 12t - 30$

$N''(4) = 18 > 0 \rightarrow$ mínimo en $(4, 108)$

$N''(1) = -18 < 0 \rightarrow$ máximo en $(1, 135)$

El mínimo de socios se alcanzó en el año 2004.

iii)

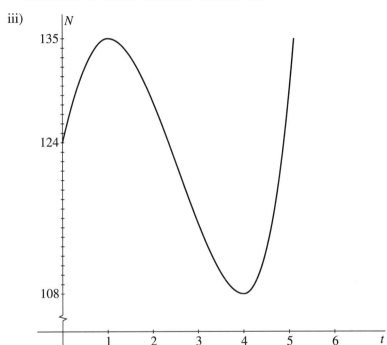

**B** *Resolución*

i) $I_1 = \displaystyle\int \frac{x^2 + 2x - 3}{x - 2}\, dx$

Se trata de una integral racional con el grado del numerador mayor que el grado del denominador. Efectuamos la división:

$$\begin{array}{r|l} x^2 + 2x - 3 & \underline{x - 2} \\ \underline{-x^2 + 2x} & x + 4 \\ 4x - 3 & \\ \underline{-4x + 8} & \\ 5 & \end{array}$$

$I_1 = \displaystyle\int \left(x + 4 + \frac{5}{x - 2}\right) dx = \frac{x^2}{2} + 4x + 5\, ln\, |x - 2| + k$

ii) $I_2 = \int \dfrac{e^{\sqrt{2x}}}{\sqrt{x}}\, dx$

La convertimos en una integral inmediata ajustando la derivada del exponente.

$$I_2 = \dfrac{2}{\sqrt{2}} \int \sqrt{2} \cdot \dfrac{1}{2\sqrt{x}} \cdot e^{\sqrt{2}\cdot\sqrt{x}}\, dx = \dfrac{2}{\sqrt{2}} e^{\sqrt{2x}} + k$$

iii) $I_3 = \int x\sqrt{1 + 2x^2}\, dx$

Es una integral inmediata, solo hay que multiplicar y dividir por 4.

$$I_3 = \dfrac{1}{4} \int 4x(1 + 2x^2)^{1/2}\, dx = \dfrac{1}{4} \cdot \dfrac{(1 + 2x^2)^{3/2}}{\dfrac{3}{2}} + k = \dfrac{1}{6}\sqrt{(1 + 2x^2)^3} + k$$

## EJERCICIO 3

**A** *Resolución*

Para resolver el problema utilizamos el siguiente diagrama en árbol:

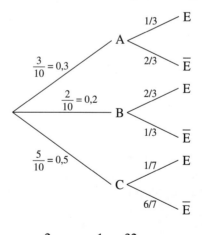

i) $P[E] = 0{,}3 \cdot \dfrac{1}{3} + 0{,}2 \cdot \dfrac{2}{3} + 0{,}5 \cdot \dfrac{1}{7} = \dfrac{32}{105} = 0{,}30$

ii) $P[C/E] = \dfrac{0{,}5 \cdot \dfrac{1}{7}}{\dfrac{32}{105}} = \dfrac{15}{64} = 0{,}23$

## Resolución

i) Los intervalos de confianza para la media tienen la forma:

$$\left(\bar{x} - z_{\alpha/2} \cdot \frac{\sigma}{\sqrt{n}},\ \bar{x} + z_{\alpha/2} \cdot \frac{\sigma}{\sqrt{n}}\right)$$

A una confianza del 90% le corresponde un $z_{\alpha/2} = 1,645$:

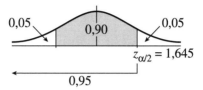

Sustituyendo los datos obtenemos el intervalo pedido:

$$\left(13,41 - 1,645 \cdot \frac{8,28}{\sqrt{40}};\ 13,41 + 1,645 \cdot \frac{8,28}{\sqrt{40}}\right) = (11,26;\ 15,56)$$

ii) A una confianza del 95% le corresponde un $z_{\alpha/2} = 1,96$:

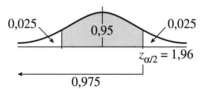

La amplitud del intervalo anterior y la media son las mismas en el nuevo intervalo. Por tanto:

$$1,645 \cdot \frac{8,28}{\sqrt{40}} = 1,96 \cdot \frac{8,28}{\sqrt{n}} \rightarrow \sqrt{n} = \frac{1,96 \cdot \sqrt{40}}{1,645} = 7,54 \rightarrow n = 56,79$$

El tamaño de la muestra ha de ser 57.

Oviedo

# 15

# PRUEBA DE SELECTIVIDAD

## ACLARACIONES PREVIAS

*El alumno deberá contestar a cuatro bloques elegidos entre los seis que siguen.*
*La contestación deberá ser siempre razonada.*
*Cada uno de los bloques de preguntas puntúa por igual (2,5 puntos).*

**1**  Un camión transporta bebida envasada en botellas y latas, y se quiere averiguar el número de cajas que transporta de cada tipo de envase. Cada caja de botellas pesa 20 kilos, pero se desconoce el peso de cada caja de latas. Se sabe además que el peso total de las cajas de botellas es 100 kilos mayor que el de las cajas de latas, y que hay 20 cajas de botellas menos que de latas.

a) Plantea un sistema de ecuaciones (en función del peso de cada caja de latas, que puedes llamar $m$) donde las incógnitas $(x, y)$ sean el número de cajas transportadas de cada tipo de envase. Basándote en un estudio de la compatibilidad del sistema, ¿es posible que cada caja de latas pese lo mismo que la de botellas?

b) Encuentra el número de cajas de cada tipo de envase sabiendo que $m$ es 10.

**2**  Una ONG va a realizar un envío compuesto de lotes de alimentos y de medicamentos. Como mínimo se han de mandar 4 lotes de medicamentos, pero por problemas de caducidad no pueden mandarse más de 8 lotes de estos medicamentos. Para realizar el transporte se emplean 4 contenedores para cada lote de alimentos y 2 para cada lote de medicamentos. El servicio de transporte exige que al menos se envíe un total de 24 contenedores, pero que no se superen los 32.

a) ¿Qué combinaciones de lotes de cada tipo pueden enviarse? Plantea el problema y representa gráficamente las soluciones. ¿Pueden enviarse 4 lotes de alimentos y 5 de medicamentos?

b) Si la ONG quiere maximizar el número total de lotes enviados, ¿qué combinación debe elegir?

**3** La temperatura de una habitación entre las 17 horas y las 20 horas de cierto día queda descrita bastante bien a partir de la siguiente función ($T(x)$ representa la temperatura a las $x$ horas):

$$T(x) = 37\frac{x^2}{2} - 342x - \frac{x^3}{3} + 2\,124, \qquad 17 \le x \le 20$$

a) Indica los intervalos de tiempo en que la temperatura subió y aquellos en que bajó.

b) Dibuja la función. ¿Cuándo se alcanzan la temperatura más alta y más baja? ¿Cuánto valen?

c) ¿La función tiene algún máximo o mínimo relativo que no sea absoluto?

**4** Dada la función $f(x) = \dfrac{a}{x^2} + x^2$ $(x > 0)$, donde $a$ es una constante:

a) Si se supiera que $f'(2) = 1$, donde $f'$ es la derivada de $f$, ¿cuánto valdría $a$?

b) Dibuja la función $f$ si $a = 16$ y calcula el área limitada por la curva y el eje $X$ entre $x = 2$ y $x = 3$.

**5** En un comedor infantil, al 40% de los niños no les gusta ni la fruta ni la verdura. Al 20% les gusta la fruta pero no la verdura y al 15% les gusta la verdura pero no la fruta.

a) ¿Cuál es la probabilidad de que a un niño le guste tanto la fruta como la verdura?

b) ¿A qué porcentaje les gusta la verdura?

c) Si a un niño le gusta la fruta, ¿qué probabilidad hay de que le guste la verdura?

**6** Una superficie comercial recibía abundantes quejas por el tiempo que pasaba desde que los clientes encargaban sus productos hasta que eran servidos. Ese tiempo seguía, aproximadamente, una normal de media 15 días y desviación típica 7 días. En los últimos meses ha intentado reducirlo, y en una muestra de 32 pedidos recientes el tiempo medio es de 12 días de espera. Suponiendo que el tiempo sigue siendo normal y que la desviación típica se ha mantenido:

a) Plantea un test para contrastar que las medias no han mejorado la situación, frente a que sí lo han hecho, como parecen indicar los datos. ¿Cuál es la conclusión a un nivel de significación del 5%?

b) Calcula un intervalo de confianza del 95% para el tiempo medio de espera en la actualidad.

*Oviedo. Junio, 2009*

# SOLUCIÓN DE LA PRUEBA

Oviedo

**1** *Resolución*

a) $x$ = n.º de cajas de botellas

$y$ = n.º de cajas de latas

$m$ = peso de cada caja de latas

$20x$ = peso total de las cajas de botellas

$my$ = peso total de las cajas de latas

Planteamos y discutimos el siguiente sistema:

$$\left.\begin{array}{r}20x = my + 100\\ x = y - 20\end{array}\right\} \rightarrow \left.\begin{array}{r}20x - my = 100\\ x - y = -20\end{array}\right\} \rightarrow M' = \left(\underbrace{\begin{array}{cc}20 & -m\\ 1 & -1\end{array}}_{M} \;\vdots\; \begin{array}{c}100\\ -20\end{array}\right)$$

$$|M| = \begin{vmatrix}20 & -m\\ 1 & -1\end{vmatrix} = -20 + m = 0 \rightarrow m = 20$$

$$\begin{vmatrix}20 & 100\\ 1 & -20\end{vmatrix} \neq 0 \rightarrow ran(M') = 2$$

- Si $m = 20 \rightarrow ran(M) = 1 \neq ran(M')$. El sistema es incompatible.

Es imposible que cada caja de latas pese lo mismo que la de botellas.

b) Si $m = 10$, el sistema anterior queda así:

$$\begin{cases}20x - 10y = 100\\ x - y = -20\end{cases}$$

Resolvemos por reducción:

$$\begin{cases}20x - 10y = 100\\ -20x + 20y = 400\end{cases}$$

$$10y = 500 \rightarrow y = 50 \rightarrow x = 30$$

Hay 30 cajas de botellas y 50 cajas de latas.

**2** *Resolución*

a) Se trata de un problema de programación lineal.

$x$ = n.º de lotes de alimentos

$y$ = n.º de lotes de medicamentos

Las restricciones son:

$$\begin{cases} 4 \leq y \leq 8 \\ 24 \leq 4x + 2y \leq 32 \\ x \geq 0 \end{cases} \begin{cases} 2x + y \leq 16 \rightarrow y \leq 16 - 2x \\ 2x + y \geq 12 \rightarrow y \geq 12 - 2x \end{cases}$$

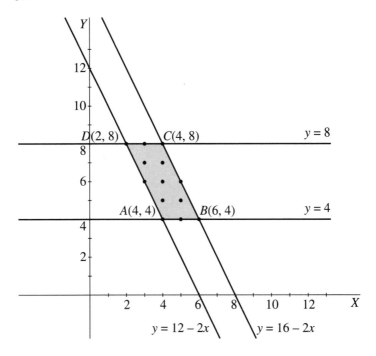

Las soluciones son todos los puntos de coordenadas enteras de la zona sombreada, es decir, (3, 6), (3, 7), (3, 8), (4, 4), (4, 5), (4, 6), (4, 7), (4, 8), (5, 4), (5, 5), (5, 6) y (6, 4).

Sí pueden enviarse 4 lotes de alimentos y 5 de medicamentos, el punto (4, 5) está en la zona de las soluciones, es decir, cumple las restricciones.

b) El número total de lotes enviados sigue la función $F(x, y) = x + y$ de la que tenemos que hallar el máximo entre el conjunto de soluciones. Para ello, sustituimos los vértices de la región factible en $F(x, y)$:

$$F(4, 4) = 8; \quad F(6, 4) = 10; \quad F(4, 8) = 12; \quad F(2, 8) = 10$$

Para maximizar el número de lotes enviados debe elegir 4 lotes de alimentos y 8 lotes de medicamentos.

**3** *Resolución*

$$T(x) = 37\frac{x^2}{2} - 342x - \frac{x^3}{3} + 2124 \qquad 17 \leq x \leq 20$$

Ordenando por exponente de $x$:

$$T(x) = -\frac{x^3}{3} + \frac{37}{2}x^2 - 342x + 2\,124$$

$$T(17) = \frac{113}{6} = 18{,}83$$

$$T(20) = \frac{52}{3} = 17{,}33$$

$$T'(x) = -x^2 + 37x - 342$$

a) Para estudiar los extremos relativos y los intervalos de crecimiento y decrecimiento, igualamos a cero la derivada.

$$T'(x) = -x^2 + 37x - 342 = 0$$

$$x = \frac{-37 \pm \sqrt{1\,369 - 4 \cdot (-1) \cdot (-342)}}{-2} = \frac{-37 \pm 1}{-2} \begin{matrix} x = 18 \\ x = 19 \end{matrix}$$

Por tanto, $T'(x) = -(x-18)(x-19)$.

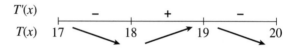

La temperatura bajó entre las 17 y las 18 horas y entre las 19 y 20 horas, y subió entre las 18 y las 19 horas.

b)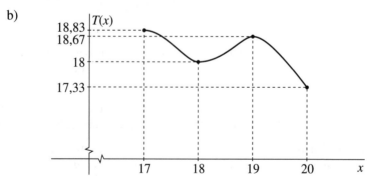

$T(18) = 18$

$$T(19) = \frac{109}{6} = 18{,}17$$

La temperatura más baja es de 17,33 °C y se alcanza a las 20 horas. La más alta es de 18,83 °C y se alcanza a las 17 horas.

c) Hay un máximo relativo en (19; 18,17) y un mínimo relativo en (18, 18) que no son absolutos.

**4** *Resolución*

a) $f(x) = \dfrac{a}{x^2} + x^2 \quad (x > 0)$

$f'(x) = -\dfrac{2a}{x^3} + 2x$

Si $f'(2) = 1 \rightarrow -\dfrac{2a}{8} + 4 = 1 \rightarrow -\dfrac{1}{4}a = -3 \rightarrow a = 12$

b) $f(x) = \dfrac{16}{x^2} + x^2 = \dfrac{16 + x^4}{x^2}$

- $f(x)$ tiene una asíntota vertical en $x = 0$ ya que:

$$\lim_{x \to 0^-} \left(\dfrac{16 + x^4}{x^2}\right) = +\infty$$

$$\lim_{x \to 0^+} \left(\dfrac{16 + x^4}{x^2}\right) = +\infty$$

- $f'(x) = -\dfrac{32}{x^3} + 2x = 0 \rightarrow 2x = \dfrac{32}{x^3} \rightarrow x^4 = 16 \rightarrow x = \pm 2$

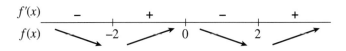

- La gráfica de la función es:

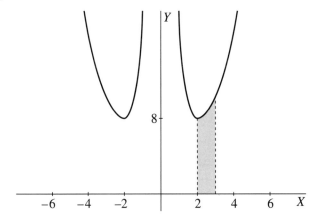

- Hallamos ahora el área de la región sombreada:

$$A = \int_2^3 \left(\dfrac{16}{x^2} + x^2\right) dx = \left[-\dfrac{16}{x} + \dfrac{x^3}{3}\right]_2^3 = \left(-\dfrac{16}{3} + 9\right) - \left(-8 + \dfrac{8}{3}\right) = 9 \text{ u}^2$$

### 5 _Resolución_

Sean los sucesos:

$F$ = "Le gusta la fruta"

$V$ = "Le gusta la verdura"

Con los datos del problema construimos el siguiente diagrama:

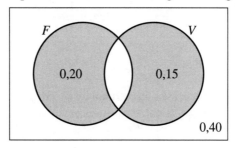

a) $P[F \cap V] = 1 - 0{,}40 - 0{,}20 - 0{,}15 = 0{,}25$

Con los nuevos datos el diagrama inicial resulta:

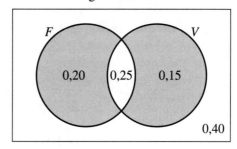

b) $P[V] = 0{,}15 + 0{,}25 = 0{,}40$

Al 40% les gusta la verdura.

c) $P[V/F] = \dfrac{P[V \cap F]}{P[F]} = \dfrac{0{,}25}{0{,}20 + 0{,}25} = \dfrac{0{,}25}{0{,}45} = \dfrac{5}{9} = 0{,}56$

### 6 _Resolución_

a) Se trata de plantear un test de hipótesis unilateral para la media.

$H_0: \mu \geq 15$

$H_1: \mu < 15$

La zona de aceptación de la hipótesis nula tiene la forma:

$$\left(\mu - z_\alpha \cdot \dfrac{\sigma}{\sqrt{n}};\ +\infty\right)$$

A un nivel de significación $\alpha = 0,05$ le corresponde un $z_\alpha = 1,645$:

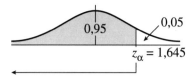

La zona de aceptación en este caso es:

$$\left(15 - 1,645 \cdot \frac{7}{\sqrt{32}}; \; +\infty\right) = (12,96; \; +\infty)$$

La media muestral $\bar{x} = 12 \notin (12,96; +\infty)$, luego se rechaza la hipótesis nula.

Con un nivel de significación del 5% se acepta que las medidas han mejorado la situación.

b) Los intervalos de confianza para la media tienen la forma:

$$\left(\bar{x} - z_{\alpha/2} \cdot \frac{\sigma}{\sqrt{n}}, \; \bar{x} + z_{\alpha/2} \cdot \frac{\sigma}{\sqrt{n}}\right)$$

A una confianza del 95% le corresponde un $z_{\alpha/2} = 1,96$:

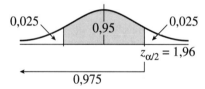

Sustituyendo los datos obtenemos el intervalo de confianza pedido:

$$\left(12 - 1,96 \cdot \frac{7}{\sqrt{32}}; \; 12 + 1,96 \cdot \frac{7}{\sqrt{32}}\right) = (9,57; \; 14,43)$$

# PRUEBA DE SELECTIVIDAD

## ACLARACIONES PREVIAS

*Hay que elegir y desarrollar un ejercicio (el 1 o el 2) de cada uno de los cuatro apartados que siguen (A, B, C y D).*

*Los ejercicios de los apartados A y B se evalúan sobre un máximo de tres puntos, y los de los apartados C y D sobre un máximo de dos puntos.*

*Se permite el uso de calculadoras científicas, excepto las programables.*

### APARTADO A

**A.1** Un empresario desea invertir 36 000 euros, a lo sumo, en la fabricación de ordenadores de dos tipos: los de tipo $A$, cuyo coste unitario sería de 400 euros y que se venderían a 430 euros (la unidad), y los de tipo $B$ cuyo coste y precio de venta por unidad serían de 300 y 340 euros, respectivamente. Si, por diversas razones, no puede fabricar más de 100 aparatos en total, y no puede haber más de tipo $B$ que de tipo $A$, ¿cuántos debe fabricar de cada tipo para que el beneficio sea máximo?

**A.2** Hallar la matriz $X$ que cumple $AXB = C$, siendo:

$$A = \begin{pmatrix} 1 & 2 & 1 \\ 0 & 1 & -1 \\ 0 & 1 & 0 \end{pmatrix} \qquad B = \begin{pmatrix} 2 & -1 \\ 1 & 0 \end{pmatrix} \qquad C = \begin{pmatrix} -1 & 2 \\ 0 & 1 \\ 1 & -3 \end{pmatrix}$$

### APARTADO B

**B.1** Una empresa fue fundada hace diez años, y la expresión

$$C(t) = -\frac{t^2}{4} + 3t + 10, \quad 0 \le t \le 10$$

indica cómo ha evolucionado su capital $C$ (en millones de euros) en función del tiempo $t$ (en años) transcurrido desde su fundación.

a) Representar gráficamente esa evolución.

b) ¿Cuándo alcanzó el capital su valor máximo y a cuánto ascendió? ¿En qué periodos creció (decreció) dicho capital?

c) ¿Cuál es el capital actual de la empresa? ¿Hubo algún otro momento en el que el capital de la empresa fuera el mismo que el actual?

**B.2** Representar gráficamente el recinto limitado por las curvas de ecuaciones

$$y = \frac{x^2}{4} \ (0 \leq x \leq 2); \qquad y = \begin{cases} 2x & 0 \leq x \leq 1 \\ -x+3 & 1 < x \leq 2 \end{cases}$$

y hallar el área de dicho recinto.

## APARTADO C

**C.1** En una de las dos oficinas de una pequeña empresa trabajan 2 hombres y 3 mujeres y en la otra trabajan 3 hombres y 4 mujeres. Si se eligen al azar dos personas de esa empresa, ¿cuál es la probabilidad de que trabajen en la misma oficina? ¿Y de que sean del mismo sexo?

**C.2** En un grupo de estudiantes el número de chicas es el doble que el de chicos, y se sabe que a 4 de cada 5 chicos les gusta el fútbol pero a 3 de cada 4 chicas no les gusta. Se elige al azar una persona de ese grupo.

a) ¿Cuál es la probabilidad de que le guste el fútbol?

b) Si a la persona elegida le gusta el fútbol, ¿cuál es la probabilidad de que se trate de una chica?

## APARTADO D

**D.1** Se desea clasificar a los habitantes adultos de cierto país en tres grupos: el grupo de los altos, formado por el 15% del total, el de los bajos, formado por el 20%, y el de los intermedios. Si la estatura sigue una distribución normal de media 1,7 m y desviación típica 10 cm, ¿qué estaturas delimitan cada uno de dichos grupos?

**D.2** Para hacer un estudio sobre el número de horas semanales que los adolescentes de cierta comunidad autónoma ven la televisión, se tomó una muestra aleatoria de 900 individuos y los datos obtenidos arrojaron una media de 20 horas y una desviación típica de 4 horas.

a) Hallar un intervalo, del 95% de confianza, para la media en el conjunto de todos los adolescentes de esa comunidad.

b) Si hace diez años la media era de 18 horas semanales, ¿puede decirse, con un 95% de confianza, que se ha producido un cambio?

*País Vasco. Junio, 2009*

# SOLUCIÓN DE LA PRUEBA

País Vasco

## APARTADO A

**A.1** *Resolución*

Se trata de un problema de programación lineal.

$x$ = número de ordenadores de tipo $A$

$y$ = número de ordenadores de tipo $B$

Las restricciones son:

$$\begin{cases} 400x + 300y \leq 36\,000 \rightarrow 4x + 3y \leq 360 \rightarrow y \leq \dfrac{360 - 4x}{3} \\ x + y \leq 100 \rightarrow y \leq 100 - x \\ y \leq x \\ x \geq 0 \\ y \geq 0 \end{cases}$$

La región factible es la zona sombreada:

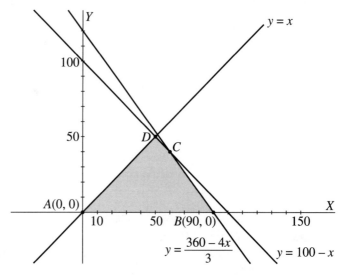

- Cálculo del vértice $C$:

$$\left. \begin{array}{r} y = \dfrac{360 - 4x}{3} \\ y = 100 - x \end{array} \right\} \rightarrow \dfrac{360 - 4x}{3} = 100 - x \rightarrow 360 - 4x = 300 - 3x \rightarrow$$

$$\rightarrow x = 60 \rightarrow C = (60, 40)$$

- Cálculo del vértice $D$:

$$\left.\begin{array}{c} y = 100 - x \\ y = x \end{array}\right\} \to 100 - x = x \to 2x = 100 \to x = 50 \to D = (50, 50)$$

La función objetivo a maximizar es $F(x, y) = 30x + 40y$.

Para hallar el máximo sustituimos los vértices de la región factible en la función objetivo:

$$F(0, 0) = 0 \qquad\qquad F(90, 0) = 2\,700$$
$$F(60, 40) = 3\,400 \qquad F(50, 50) = 3\,500$$

Para que el beneficio sea máximo, debe fabricar 50 ordenadores de cada tipo.

**A.2** *Resolución*

$$AXB = C \to \underbrace{A^{-1}A}_{I} X \underbrace{BB^{-1}}_{I} = A^{-1} C B^{-1} \to X = A^{-1} C B^{-1}$$

Calculamos $A^{-1}$:

$$|A| = \begin{vmatrix} 1 & 2 & 1 \\ 0 & 1 & -1 \\ 0 & 1 & 0 \end{vmatrix} = 1$$

$$A^{-1} = \frac{[Adj\,(A)]^t}{|A|} = \begin{pmatrix} 1 & 1 & -3 \\ 0 & 0 & 1 \\ 0 & -1 & 1 \end{pmatrix}$$

Calculamos $B^{-1}$:

$$|B| = \begin{vmatrix} 2 & -1 \\ 1 & 0 \end{vmatrix} = 1$$

$$B^{-1} = \begin{pmatrix} 0 & 1 \\ -1 & 2 \end{pmatrix}$$

Así:

$$X = \begin{pmatrix} 1 & 1 & -3 \\ 0 & 0 & 1 \\ 0 & -1 & 1 \end{pmatrix} \begin{pmatrix} -1 & 2 \\ 0 & 1 \\ 1 & -3 \end{pmatrix} \begin{pmatrix} 0 & 1 \\ -1 & 2 \end{pmatrix} = \begin{pmatrix} -4 & 12 \\ 1 & -3 \\ 1 & -4 \end{pmatrix} \begin{pmatrix} 0 & 1 \\ -1 & 2 \end{pmatrix} =$$

$$= \begin{pmatrix} -12 & 20 \\ 3 & -5 \\ 4 & -7 \end{pmatrix}$$

## APARTADO B

**B.1** *Resolución*

a) $C(t) = -\dfrac{t^2}{4} + 3t + 10, \quad 0 \leq t \leq 10$

$C(t)$ es una parábola de vértice $(6, 19)$, con $C(0) = 10$ y $C(10) = 15$:

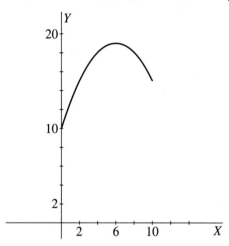

b) El capital alcanzó su valor máximo a los 6 años y ascendió a 19 millones de euros.

Dicho capital ascendió en los 6 primeros años y a partir de ese momento descendió.

c) El capital actual es $C(10) = 15$ millones de euros. El capital fue el mismo que el actual a los dos años de la creación de la empresa, pues:

$$-\frac{t^2}{4} + 3t + 10 = 15 \;\to\; -\frac{t^2}{4} + 3t - 5 = 0 \;\to\; -t^2 + 12t - 20 = 0$$

$$t = \frac{-12 \pm \sqrt{144 - 4 \cdot (-1) \cdot (-20)}}{-2} = \frac{-12 \pm 8}{-2} \begin{cases} t = 2 \\ t = 10 \end{cases}$$

**B.2** *Resolución*

$y = \dfrac{x^2}{4}, \quad 0 \leq x \leq 2$

$y = \begin{cases} 2x & 0 \leq x \leq 1 \\ -x + 3 & 1 < x \leq 2 \end{cases}$

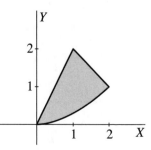

El área es:

$$A = \int_0^1 \left(2x - \frac{x^2}{4}\right) dx + \int_1^2 \left(-x + 3 - \frac{x^2}{4}\right) dx =$$

$$= \left[x^2 - \frac{x^3}{12}\right]_0^1 + \left[-\frac{x^2}{2} + 3x - \frac{x^3}{12}\right]_1^2 =$$

$$= \left(1 - \frac{1}{12}\right) + \left(-\frac{4}{2} + 6 - \frac{8}{12}\right) - \left(-\frac{1}{2} + 3 - \frac{1}{12}\right) =$$

$$= \frac{11}{12} + \frac{10}{3} - \frac{29}{12} = \frac{11}{6} \, u^2$$

## APARTADO C

**C.1** *Resolución*

- En total hay 12 empleados trabajando en las dos oficinas de la empresa, 5 en $O_1$ y 7 en $O_2$.

  $P[\text{Los dos trabajen en la misma oficina}] = P[O_1 \cap O_1] + P[O_2 \cap O_2] =$

  $$= \frac{5}{12} \cdot \frac{4}{11} + \frac{7}{12} \cdot \frac{6}{11} = \frac{31}{66} = 0{,}47$$

- En total hay 5 hombres y 7 mujeres trabajando en la empresa.

  $P[\text{Los dos sean del mismo sexo}] = P[H \cap H] + P[M \cap M] =$

  $$= \frac{5}{12} \cdot \frac{4}{11} + \frac{7}{12} \cdot \frac{6}{11} = \frac{31}{66} = 0{,}47$$

**C.2** *Resolución*

Sean los sucesos:

O = "Ser chico"

A = "Ser chica"

F = "Le gusta el fútbol"

Si $P[O] = x$ y $P[A] = 2x$, como $P[A] + P[O] = 1$, tenemos que:

$$x + 2x = 1 \rightarrow x = \frac{1}{3}$$

Es decir, $P[O] = \frac{1}{3}$ y $P[A] = \frac{2}{3}$.

Para resolver el problema utilizamos el siguiente diagrama en árbol:

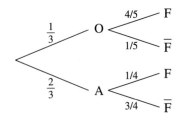

a) $P[F] = \dfrac{1}{3} \cdot \dfrac{4}{5} + \dfrac{2}{3} \cdot \dfrac{1}{4} = \dfrac{4}{15} + \dfrac{2}{12} = \dfrac{13}{30} = 0{,}43$

b) $P[A/F] = \dfrac{\dfrac{2}{3} \cdot \dfrac{1}{4}}{\dfrac{13}{30}} = \dfrac{5}{13} = 0{,}38$

## APARTADO D

### D.1 *Resolución*

La estatura sigue una distribución $x = N(1{,}7;\ 0{,}1)$.

En una distribución $z = N(0,\ 1)$, los habitantes adultos de dicho país estarían distribuidos según el siguiente gráfico:

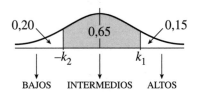

Se trata de hallar $k_1$ y $-k_2$.

Observemos primero la tabla de la normal:

$\Phi(k_1) = 0{,}85 \ \to\ k_1 = 1{,}04$

Por otro lado, sabemos que $z = \dfrac{x - \mu}{\sigma}$. Por tanto:

$1{,}04 = \dfrac{x_1 - 1{,}7}{0{,}1} \ \to\ x_1 = 1{,}804$ m

Procedemos del mismo modo para hallar $-k_2$:

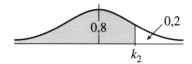

$\Phi(k_2) = 0{,}8 \;\to\; k_2 = 0{,}84 \;\to\; -k_2 = -0{,}84$

Por tanto, igual que hicimos con $k_1$ y $x_1$:

$$-0{,}84 = \frac{x_2 - 1{,}7}{0{,}1} \;\to\; x_2 = 1{,}616 \text{ m}$$

Se considera bajos a los habitantes que miden menos de 1,616 m y altos a los que miden más de 1,804 m.

### D.2 Resolución

a) Los intervalos de confianza para la media tienen la forma:

$$\left(\bar{x} - z_{\alpha/2} \cdot \frac{\sigma}{\sqrt{n}},\; \bar{x} + z_{\alpha/2} \cdot \frac{\sigma}{\sqrt{n}}\right)$$

A una confianza del 95% le corresponde un $z_{\alpha/2} = 1{,}96$:

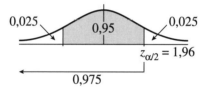

Sustituyendo los datos del problema, obtenemos el intervalo pedido:

$$\left(20 - 1{,}96 \cdot \frac{4}{\sqrt{900}};\; 20 + 1{,}96 \cdot \frac{4}{\sqrt{900}}\right) = (19{,}74;\; 20{,}26)$$

b) Planteamos un test de hipótesis para la media.

$H_0$: $\mu = 18$

$H_1$: $\mu \neq 18$

La zona de aceptación es:

$$\left(18 - 1{,}96 \cdot \frac{4}{\sqrt{900}};\; 18 + 1{,}96 \cdot \frac{4}{\sqrt{900}}\right) = (17{,}74;\; 18{,}26)$$

Como $\bar{x} = 20 \notin (17{,}74;\; 18{,}26)$, rechazamos la hipótesis nula, es decir, puede decirse con una confianza del 95% que se ha producido un cambio.

# PRUEBA DE SELECTIVIDAD

## ACLARACIONES PREVIAS

*Se valorará el buen uso del vocabulario y la adecuada notación científica, que los correctores podrán bonificar con un máximo de un punto.*

*Por los errores ortográficos, la falta de limpieza en la presentación y la redacción defectuosa podrá bajarse la calificación hasta un punto; en casos extremadamente graves, podrá penalizarse la puntuación hasta con dos puntos.*

*Desarrolle clara y razonadamente tres cuestiones, eligiendo una de cada opción.*

*Tiempo disponible: 1 hora 30 minutos.*

### OPCIÓN A

**A.1** Sea $T = \{(x, y) \mid x + 3y \leq 9,\ 2x + y \leq 8,\ x \geq 0,\ y \geq 0\}$

a) Represente gráficamente el conjunto $T$. (1 punto)

b) Consideramos la función $f(x, y) = 3x + 3y$. Calcular, si existen, los puntos del conjunto $T$ que dan el valor máximo y el valor mínimo de la función. (1,75 puntos)

c) ¿Cuál sería la respuesta al apartado anterior si eliminamos en el conjunto $T$ la restricción $y \geq 0$? (0,75 puntos)

**A.2** Una tienda posee tres tipos de conservas A, B, C. El precio medio de las tres conservas es de 1 €. Un cliente compra 30 unidades de A, 20 de B y 10 de C, pagando por ello 60 €. Otro compra 20 unidades de A y 25 de C, pagando por ello 45 €.

a) Plantee un sistema de ecuaciones lineales para calcular el precio de cada una de las conservas y resuélvalo por el método de Gauss.

(2,5 puntos)

b) ¿Es posible determinar el precio de cada una de las conservas si cambiamos la tercera condición por "otro cliente compra 20 unidades A y 10 de B, pagando por ello 30 €"? (1 punto)

## OPCIÓN B

**B.1** a) Derive las funciones:

$$f(x) = 4\sqrt{x} - \ln x^2 \qquad g(x) = (x-1)e^{x^2} \qquad h(x) = \frac{x^6}{3-x^3}$$ (1,5 puntos)

b) Razone a qué es igual el dominio y calcule los valores de $x$, si existen, para los que la función $f(x)$ del apartado anterior, alcanza máximo o mínimo relativo. (2 puntos)

**B.2** a) Derive las funciones:

$$f(x) = \ln\sqrt{x} \qquad g(x) = x^2(5-x^3) \qquad h(x) = 3^{5x-1}$$ (1,5 puntos)

b) La demanda de un bien, conocido su precio $p$, viene dada por:

$$D(p) = \begin{cases} 40p - p^2 & \text{si } 20 \leq p \leq 30 \\ 600 - 10p & \text{si } 30 < p \leq 40 \end{cases}$$

Represéntela. A la vista de su gráfica diga para qué valor del precio se alcanza la máxima y la mínima demanda, y para cuáles la demanda es mayor que 375 unidades. (2 puntos)

## OPCIÓN C

**C.1** Una urna contiene 10 bolas blancas, 6 bolas negras y 4 bolas verdes. Se extraen al azar 3 bolas sin reposición.

a) Calcule la probabilidad de que salgan todas las bolas del mismo color. (1 punto)

b) Calcule la probabilidad de que salgan más bolas blancas o verdes. (1 punto)

c) Calcule la probabilidad de que dos bolas sean blancas y una verde. (1 punto)

**C.2** El peso medio de 700 adultos de una determinada población es de 80 kg. Determine el intervalo, con un nivel de confianza del 98%, en el que estará la media si la desviación típica es igual a 15. Detalle los pasos realizados para obtener los resultados. (3 puntos)

*Zaragoza. Junio, 2009*

## OPCIÓN A

**A.1** _Resolución_

a) $T = \{(x, y) \mid x + 3y \leq 9,\ 2x + y \leq 8,\ x \geq 0,\ y \geq 0\}$

$x + 3y \leq 9 \ \rightarrow\ y \leq \dfrac{9-x}{3}$

$2x + y \leq 8 \ \rightarrow\ y \leq 8 - 2x$

El conjunto $T$ es la zona sombreada:

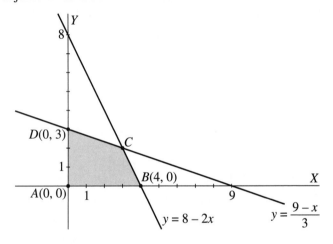

b) El máximo y el mínimo de $f(x, y) = 3x + 3y$ en $T$ se encuentran en uno de sus vértices.

- Cálculo del vértice $C$:

$\left.\begin{array}{l} y = \dfrac{9-x}{3} \\ y = 8 - 2x \end{array}\right\} \rightarrow \dfrac{9-x}{3} = 8 - 2x \ \rightarrow\ 9 - x = 24 - 6x \ \rightarrow\ 5x = 15 \ \rightarrow$

$\rightarrow x = 3 \ \rightarrow\ C = (3, 2)$

Sustituimos los vértices de $T$ en $f(x, y)$:

$f(0, 0) = 0$

$f(4, 0) = 12$

$f(3, 2) = 15$

$f(0, 3) = 9$

El mínimo de $f(x, y)$ se alcanza en $(0, 0)$, y el máximo, en $(3, 2)$.

c) La zona sombreada sería el nuevo conjunto $T$, ahora no acotado.

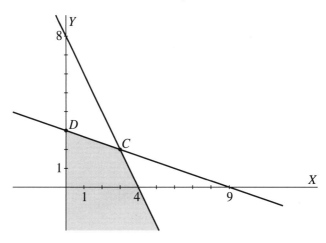

El máximo seguiría alcanzándose en el vértice $C$, pero ahora $f(x, y)$ no tendría mínimo en $T$.

### A.2 *Resolución*

a) Sean:

$x$ = precio de la conserva A

$y$ = precio de la conserva B

$z$ = precio de la conserva C

El sistema resultante es:

$$\begin{cases} \dfrac{x+y+z}{3} = 1 \\ 30x + 20y + 10z = 60 \\ 20x + 25z = 45 \end{cases} \rightarrow \begin{cases} x + y + z = 3 \\ 3x + 2y + z = 6 \\ 4x + 5z = 9 \end{cases} \rightarrow$$

$$\rightarrow \begin{pmatrix} 1 & 1 & 1 & \vdots & 3 \\ 3 & 2 & 1 & \vdots & 6 \\ 4 & 0 & 5 & \vdots & 9 \end{pmatrix} \begin{matrix} f_2 - 3f_1 \\ \rightarrow \\ f_3 - 4f_1 \end{matrix} \begin{pmatrix} 1 & 1 & 1 & \vdots & 3 \\ 0 & -1 & -2 & \vdots & -3 \\ 0 & -4 & 1 & \vdots & -3 \end{pmatrix} \overset{-f_2}{\rightarrow} \begin{pmatrix} 1 & 1 & 1 & \vdots & 3 \\ 0 & 1 & 2 & \vdots & 3 \\ 0 & -4 & 1 & \vdots & -3 \end{pmatrix}$$

$$\overset{f_3 + 4f_2}{\rightarrow} \begin{pmatrix} 1 & 1 & 1 & \vdots & 3 \\ 0 & 1 & 2 & \vdots & 3 \\ 0 & 0 & 9 & \vdots & 9 \end{pmatrix} \begin{matrix} \rightarrow x+y+z = 3 \rightarrow x+1+1 = 3 \rightarrow x = 1 \\ \rightarrow y + 2z = 3 \rightarrow y + 2 = 3 \rightarrow y = 1 \\ \rightarrow 9z = 9 \rightarrow z = 1 \end{matrix}$$

El precio de las tres conservas es 1 €.

b) $\begin{cases} x + y + z = 3 \\ 3x + 2y + z = 6 \\ 20x + 10y = 30 \end{cases} \rightarrow \begin{cases} x + y + z = 3 \\ 3x + 2y + z = 6 \\ 2x + y = 3 \end{cases} \rightarrow$

$\rightarrow \begin{pmatrix} 1 & 1 & 1 & \vdots & 3 \\ 3 & 2 & 1 & \vdots & 6 \\ 2 & 1 & 0 & \vdots & 3 \end{pmatrix} \begin{matrix} f_2 - 3f_1 \\ \rightarrow \\ f_3 - 2f_1 \end{matrix} \begin{pmatrix} 1 & 1 & 1 & \vdots & 3 \\ 0 & -1 & -2 & \vdots & -3 \\ 0 & -1 & -2 & \vdots & -3 \end{pmatrix}$

Las dos últimas ecuaciones son iguales, luego el sistema es compatible indeterminado. No podríamos determinar el precio de cada una de las tres conservas.

## OPCIÓN B

**B.1** *Resolución*

a) • $f(x) = 4\sqrt{x} - \ln x^2$

$f'(x) = 4 \cdot \dfrac{1}{2\sqrt{x}} - \dfrac{2x}{x^2} = \dfrac{2}{\sqrt{x}} - \dfrac{2}{x} = \dfrac{2(x - \sqrt{x})}{x\sqrt{x}}$

• $g(x) = (x - 1)e^{x^2}$

$g'(x) = 1 \cdot e^{x^2} + (x - 1) \cdot e^{x^2} \cdot 2x = e^{x^2} + (2x^2 - 2x)e^{x^2} =$
$= e^{x^2}(2x^2 - 2x + 1)$

• $h(x) = \dfrac{x^6}{3 - x^3}$

$h'(x) = \dfrac{6x^5(3 - x^3) - x^6(-3x^2)}{(3 - x^3)^2} = \dfrac{18x^5 - 6x^8 + 3x^8}{(3 - x^3)^2} =$
$= \dfrac{18x^5 - 3x^8}{(3 - x^3)^2} = \dfrac{3x^5(6 - x^3)}{(3 - x^3)^2}$

b) • El dominio son los valores de $x$ para los que existe la función.

$f(x)$ existe si $x > 0$, ya que los logaritmos no existen para $x \leq 0$ y las raíces cuadradas no existen para $x < 0$.

Dominio de $f(x) = (0, +\infty)$

• Para determinar los máximos y mínimos relativos de $f(x)$, igualamos a cero la derivada:

$f'(x) = \dfrac{2(x - \sqrt{x})}{x\sqrt{x}} = 0 \rightarrow x - \sqrt{x} = 0 \rightarrow x = \sqrt{x} \rightarrow x^2 = x \rightarrow$

$\rightarrow x^2 - x = 0 \rightarrow x(x - 1) = 0 \begin{cases} x = 0 \text{ (no es del dominio)} \\ x = 1 \end{cases}$

| $f'(x)$ | — | + |
|---|---|---|
| $f(x)$ | 0 ↘ | 1 ↗ |

En el punto $(1, 4)$, la función $f(x)$ tiene un mínimo relativo.

### B.2 Resolución

a) • $f(x) = \ln \sqrt{x} = \dfrac{1}{2} \ln x$

$f'(x) = \dfrac{1}{2x}$

• $g(x) = x^2(5 - x^3)$

$g'(x) = 2x(5 - x^3) + x^2(-3x^2) = 10x - 2x^4 - 3x^4 = 10x - 5x^4$

• $h(x) = 3^{5x-1}$

$h'(x) = 5 \cdot 3^{5x-1} \cdot \ln 3$

b) $D(p) = \begin{cases} 40p - p^2 & \text{si } 20 \leq p \leq 30 \\ 600 - 10p & \text{si } 30 < p \leq 40 \end{cases}$

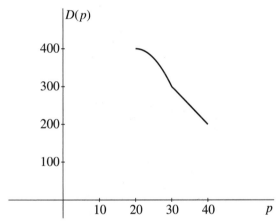

La máxima demanda se alcanza para un precio $p = 20$ unidades monetarias.

La mínima demanda se alcanza para un precio $p = 40$ unidades monetarias.

$40p - p^2 = 375 \rightarrow -p^2 + 40p - 375 = 0$

$p = \dfrac{-40 \pm \sqrt{1\,600 - 4 \cdot (-1) \cdot (-375)}}{-2} = \dfrac{-40 \pm 10}{-2} \begin{cases} p = 15 \\ p = 25 \end{cases}$

La solución $p = 15$ no es del dominio. Así, la demanda es mayor que 375 unidades para un precio comprendido entre 20 y 25 unidades monetarias.

## OPCIÓN C

**C.1** *Resolución*

a) $P[B, B, B] + P[N, N, N] + P[V, V, V] =$

$$= \frac{10}{20} \cdot \frac{9}{19} \cdot \frac{8}{18} + \frac{6}{20} \cdot \frac{5}{19} \cdot \frac{4}{18} + \frac{4}{20} \cdot \frac{3}{19} \cdot \frac{2}{18} =$$

$$= \frac{720 + 120 + 24}{6840} = \frac{864}{6840} = \frac{12}{95} = 0,13$$

b) $P[\text{más bolas blancas o verdes}] = 1 - P[\text{más bolas negras}] =$

$= 1 - [P[\text{2 negras y 1 blanca}] + P[\text{2 negras y 1 verde}] + P[\text{3 negras}]] =$

$= 1 - [P[N, N, B] + P[N, B, N] + P[B, N, N] + P[N, N, V] +$

$+ P[N, V, N] + P[V, N, N] + P[N, N, N]] =$

$$= 1 - \left[3\left(\frac{6}{20} \cdot \frac{5}{19} \cdot \frac{10}{18}\right) + 3\left(\frac{6}{20} \cdot \frac{5}{19} \cdot \frac{4}{18}\right) + \left(\frac{6}{20} \cdot \frac{5}{19} \cdot \frac{4}{18}\right)\right] =$$

$$= 1 - \frac{900 + 360 + 120}{6840} = 1 - \frac{1380}{6840} = \frac{5460}{6840} = \frac{91}{114} = 0,80$$

c) $P[\text{2 blancas y 1 verde}] = P[B, B, V] + P[B, V, B] + P[V, B, B] =$

$$= 3 \cdot \frac{10}{20} \cdot \frac{9}{19} \cdot \frac{4}{18} = \frac{1080}{6840} = \frac{3}{19} = 0,16$$

**C.2** *Resolución*

Los intervalos de confianza para la media tienen la forma:

$$\left(\bar{x} - z_{\alpha/2} \cdot \frac{\sigma}{\sqrt{n}}, \ \bar{x} + z_{\alpha/2} \cdot \frac{\sigma}{\sqrt{n}}\right)$$

A una confianza del 98% le corresponde un $z_{\alpha/2} = 2,33$:

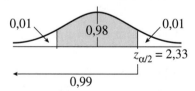

Sustituyendo los datos del problema obtenemos el intervalo pedido:

$$\left(80 - 2,33 \cdot \frac{15}{\sqrt{700}}; \ 80 + 2,33 \cdot \frac{15}{\sqrt{700}}\right) = (78,68; \ 81,32)$$

# Tabla de la distribución normal

# Tabla de distribución normal
## Áreas limitadas para la curva $N(0, 1)$ desde $-\infty$ hasta $k$

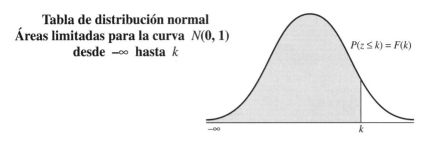

$P(z \leq k) = F(k)$

| k | 0 | 1 | 2 | 3 | 4 | 5 | 6 | 7 | 8 | 9 |
|---|---|---|---|---|---|---|---|---|---|---|
| 0,0 | 0,5000 | 0,5040 | 0,5080 | 0,5120 | 0,5160 | 0,5199 | 0,5239 | 0,5279 | 0,5319 | 0,5359 |
| 0,1 | 0,5398 | 0,5438 | 0,5478 | 0,5517 | 0,5557 | 0,5596 | 0,5636 | 0,5675 | 0,5714 | 0,5754 |
| 0,2 | 0,5793 | 0,5832 | 0,5871 | 0,5910 | 0,5948 | 0,5987 | 0,6026 | 0,6065 | 0,6103 | 0,6141 |
| 0,3 | 0,6179 | 0,6217 | 0,6255 | 0,6293 | 0,6331 | 0,6368 | 0,6406 | 0,6443 | 0,6480 | 0,6517 |
| 0,4 | 0,6554 | 0,6591 | 0,6628 | 0,6664 | 0,6700 | 0,6736 | 0,6772 | 0,6808 | 0,6844 | 0,6879 |
| 0,5 | 0,6915 | 0,6950 | 0,6985 | 0,7019 | 0,7054 | 0,7088 | 0,7123 | 0,7157 | 0,7190 | 0,7224 |
| 0,6 | 0,7258 | 0,7291 | 0,7324 | 0,7357 | 0,7389 | 0,7422 | 0,7454 | 0,7486 | 0,7518 | 0,7549 |
| 0,7 | 0,7580 | 0,7612 | 0,7642 | 0,7673 | 0,7704 | 0,7734 | 0,7764 | 0,7794 | 0,7823 | 0,7852 |
| 0,8 | 0,7881 | 0,7910 | 0,7939 | 0,7967 | 0,7996 | 0,8023 | 0,8051 | 0,8078 | 0,8106 | 0,8133 |
| 0,9 | 0,8159 | 0,8186 | 0,8212 | 0,8238 | 0,8264 | 0,8289 | 0,8315 | 0,8340 | 0,8365 | 0,8389 |
| 1,0 | 0,8413 | 0,8438 | 0,8461 | 0,8485 | 0,8508 | 0,8531 | 0,8554 | 0,8577 | 0,8599 | 0,8621 |
| 1,1 | 0,8643 | 0,8665 | 0,8686 | 0,8708 | 0,8729 | 0,8749 | 0,8770 | 0,8790 | 0,8810 | 0,8830 |
| 1,2 | 0,8849 | 0,8869 | 0,8888 | 0,8907 | 0,8925 | 0,8944 | 0,8962 | 0,8980 | 0,8997 | 0,9015 |
| 1,3 | 0,9032 | 0,9049 | 0,9066 | 0,9082 | 0,9099 | 0,9115 | 0,9131 | 0,9147 | 0,9162 | 0,9177 |
| 1,4 | 0,9192 | 0,9207 | 0,9222 | 0,9236 | 0,9251 | 0,9265 | 0,9279 | 0,9292 | 0,9306 | 0,9319 |
| 1,5 | 0,9332 | 0,9345 | 0,9357 | 0,9370 | 0,9382 | 0,9394 | 0,9406 | 0,9418 | 0,9429 | 0,9441 |
| 1,6 | 0,9452 | 0,9463 | 0,9474 | 0,9484 | 0,9495 | 0,9505 | 0,9515 | 0,9525 | 0,9535 | 0,9545 |
| 1,7 | 0,9554 | 0,9564 | 0,9573 | 0,9582 | 0,9591 | 0,9599 | 0,9608 | 0,9616 | 0,9625 | 0,9633 |
| 1,8 | 0,9641 | 0,9649 | 0,9656 | 0,9664 | 0,9671 | 0,9678 | 0,9686 | 0,9693 | 0,9699 | 0,9706 |
| 1,9 | 0,9713 | 0,9719 | 0,9726 | 0,9732 | 0,9738 | 0,9744 | 0,9750 | 0,9756 | 0,9761 | 0,9767 |
| 2,0 | 0,9772 | 0,9778 | 0,9783 | 0,9788 | 0,9793 | 0,9798 | 0,9803 | 0,9808 | 0,9812 | 0,9817 |
| 2,1 | 0,9821 | 0,9826 | 0,9830 | 0,9834 | 0,9838 | 0,9842 | 0,9846 | 0,9850 | 0,9854 | 0,9857 |
| 2,2 | 0,9861 | 0,9864 | 0,9868 | 0,9871 | 0,9875 | 0,9878 | 0,9881 | 0,9884 | 0,9887 | 0,9890 |
| 2,3 | 0,9893 | 0,9896 | 0,9898 | 0,9901 | 0,9904 | 0,9906 | 0,9909 | 0,9911 | 0,9913 | 0,9916 |
| 2,4 | 0,9918 | 0,9920 | 0,9922 | 0,9925 | 0,9927 | 0,9929 | 0,9931 | 0,9932 | 0,9934 | 0,9936 |
| 2,5 | 0,9938 | 0,9940 | 0,9941 | 0,9943 | 0,9945 | 0,9946 | 0,9948 | 0,9949 | 0,9951 | 0,9952 |
| 2,6 | 0,9953 | 0,9955 | 0,9956 | 0,9957 | 0,9959 | 0,9960 | 0,9961 | 0,9962 | 0,9963 | 0,9964 |
| 2,7 | 0,9965 | 0,9966 | 0,9967 | 0,9968 | 0,9969 | 0,9970 | 0,9971 | 0,9972 | 0,9973 | 0,9974 |
| 2,8 | 0,9974 | 0,9975 | 0,9976 | 0,9977 | 0,9977 | 0,9978 | 0,9979 | 0,9979 | 0,9980 | 0,9981 |
| 2,9 | 0,9981 | 0,9982 | 0,9982 | 0,9983 | 0,9984 | 0,9984 | 0,9985 | 0,9985 | 0,9986 | 0,9986 |
| 3,0 | 0,9987 | 0,9987 | 0,9987 | 0,9988 | 0,9988 | 0,9989 | 0,9989 | 0,9989 | 0,9990 | 0,9990 |
| 3,1 | 0,9990 | 0,9991 | 0,9991 | 0,9991 | 0,9992 | 0,9992 | 0,9992 | 0,9992 | 0,9993 | 0,9993 |
| 3,2 | 0,9993 | 0,9993 | 0,9994 | 0,9994 | 0,9994 | 0,9994 | 0,9994 | 0,9995 | 0,9995 | 0,9995 |
| 3,3 | 0,9995 | 0,9995 | 0,9995 | 0,9996 | 0,9996 | 0,9996 | 0,9996 | 0,9996 | 0,9996 | 0,9997 |
| 3,4 | 0,9997 | 0,9997 | 0,9997 | 0,9997 | 0,9997 | 0,9997 | 0,9997 | 0,9997 | 0,9997 | 0,9998 |
| 3,5 | 0,9998 | 0,9998 | 0,9998 | 0,9998 | 0,9998 | 0,9998 | 0,9998 | 0,9998 | 0,9998 | 0,9998 |
| 3,6 | 0,9998 | 0,9998 | 0,9999 | 0,9999 | 0,9999 | 0,9999 | 0,9999 | 0,9999 | 0,9999 | 0,9999 |
| 3,7 | 0,9999 | 0,9999 | 0,9999 | 0,9999 | 0,9999 | 0,9999 | 0,9999 | 0,9999 | 0,9999 | 0,9999 |
| 3,8 | 0,9999 | 0,9999 | 0,9999 | 0,9999 | 0,9999 | 0,9999 | 0,9999 | 0,9999 | 0,9999 | 0,9999 |
| 3,9 | 0,1000 | 0,1000 | 0,1000 | 0,1000 | 0,1000 | 0,1000 | 0,1000 | 0,1000 | 0,1000 | 0,1000 |

# Clasificación del contenido por materias

| | | | | |
|---|---|---|---|---|
| **SISTEMAS DE ECUACIONES LINEALES** | Madrid, A-1 | Pág. 18 | Islas Baleares, 1 | Pág. 98 |
| | Cantabria, 1A | Pág. 39 | Islas Canarias, A-5 | Pág. 106 |
| | Cast.-La Mancha, 1-B | Pág. 47 | Madrid, A-1 | Pág. 126 |
| | Castilla y León, A-1 | Pág. 55 | Murcia, 1-1 | Pág. 137 |
| | Cataluña, 2 | Pág. 64 | Oviedo, 1 | Pág. 156 |
| | Cataluña, 4 | Pág. 65 | Zaragoza, A-2 | Pág. 172 |
| | C. Valenciana, A-2 | Pág. 72 | | |

| | | | | |
|---|---|---|---|---|
| **MATRICES. DETERMINANTES** | Andalucía, A-1 | Pág. 9 | Islas Baleares, 5 | Pág. 99 |
| | Andalucía, A-1 | Pág. 31 | La Rioja, A-2 | Pág. 117 |
| | Cast.-La Mancha, 1-A | Pág. 47 | Navarra, 1-A | Pág. 148 |
| | Extremadura, B-1 | Pág. 83 | País Vasco, A-2 | Pág. 164 |
| | Galicia, Álg. 1 | Pág. 88 | | |

| | | | | |
|---|---|---|---|---|
| **PROGRAMACIÓN LINEAL** | Andalucía, B-1 | Pág. 10 | Galicia, Álg. 2 | Pág. 88 |
| | Madrid, B-1 | Pág. 19 | Islas Baleares, 6 | Pág. 99 |
| | Andalucía, B-1 | Pág. 32 | Islas Canarias, B-5 | Pág. 107 |
| | Cantabria, 1B | Pág. 39 | La Rioja, B-1 | Pág. 117 |
| | Cast.-La Mancha, 2-A | Pág. 47 | Madrid, B-1 | Pág. 127 |
| | Castilla y León, B-1 | Pág. 56 | Murcia, 1-2 | Pág. 137 |
| | Cataluña, 1 | Pág. 64 | Navarra, 1-B | Pág. 148 |
| | Cataluña, 5 | Pág. 65 | Oviedo, 2 | Pág. 156 |
| | C. Valenciana, A-1 | Pág. 72 | País Vasco, A-1 | Pág. 164 |
| | Extremadura, A-1 | Pág. 82 | Zaragoza, A-1 | Pág. 172 |

| | | | | |
|---|---|---|---|---|
| **CONTINUIDAD. DERIVABILIDAD** | Andalucía, A-2 | Pág. 9 | C. Valenciana, B-1a | Pág. 73 |
| | Andalucía, B-2 | Pág. 10 | La Rioja, B-2a | Pág. 118 |
| | Andalucía, A-2a | Pág. 31 | Zaragoza, B-1a | Pág. 173 |
| | Cast.-La Mancha, 3-A2 | Pág. 48 | Zaragoza, B-2a | Pág. 173 |

| | | | | |
|---|---|---|---|---|
| **APLICACIONES DE LA DERIVADA. OPTIMIZACIÓN** | Andalucía, A-2c | Pág. 9 | C. Valenciana, D-2 | Pág. 74 |
| | Madrid, A-2a | Pág. 18 | Islas Baleares, 2 | Pág. 98 |
| | Andalucía, B-2 | Pág. 33 | La Rioja, A-3 | Pág. 117 |
| | Cantabria, 2B | Pág. 40 | Madrid, A-2 | Pág. 126 |
| | Cast.-La Mancha, 3-B | Pág. 48 | Murcia, 2-1 | Pág. 138 |
| | Castilla y León, B-2b | Pág. 56 | Murcia, 3-1 | Pág. 138 |
| | Cataluña, 6 | Pág. 66 | | |

| | | | | | |
|---|---|---|---|---|---|
| **ESTUDIO Y REPRESENTACIÓN GRÁFICA DE FUNCIONES** | Madrid, B-2 | Pág. 19 | Islas Canarias, A-4 | Pág. 106 | |
| | Andalucía, A-2 | Pág. 31 | Islas Canarias, B-4 | Pág. 107 | |
| | Cantabria, 2A | Pág. 39 | La Rioja, B-2 | Pág. 118 | |
| | Cast.-La Mancha, 3-A1 | Pág. 48 | Madrid, B-2a | Pág. 128 | |
| | Cataluña, 3 | Pág. 65 | Murcia, 2-2 | Pág. 138 | |
| | C. Valenciana, B-2 | Pág. 73 | Navarra, 2-A | Pág. 149 | |
| | C. Valenciana, D-1 | Pág. 74 | Oviedo, 3 | Pág. 157 | |
| | Extremadura, A-2 | Pág. 82 | Oviedo, 4 | Pág. 157 | |
| | Extremadura, B-2 | Pág. 83 | País Vasco, B-1 | Pág. 164 | |
| | Galicia, Aná. 1 | Pág. 89 | Zaragoza, B-1b | Pág. 173 | |
| | Galicia, Aná. 2 | Pág. 89 | Zaragoza, B-2b | Pág. 173 | |
| | Islas Canarias, A-3 | Pág. 105 | | | |

| | | | | | |
|---|---|---|---|---|---|
| **INTEGRALES. ÁREAS** | Madrid, A-2c | Pág. 18 | Islas Canarias, B-4c | Pág. 107 | |
| | Madrid, B-2c | Pág. 19 | La Rioja, A-4 | Pág. 117 | |
| | Cantabria, 2A-e | Pág. 40 | Madrid, A-2c | Pág. 127 | |
| | Cast.-La Mancha, 3-A3 | Pág. 48 | Madrid, B-2b | Pág. 128 | |
| | Castilla y León, A-2 | Pág. 55 | Murcia, 3-2 | Pág. 138 | |
| | Castilla y León, B-2a | Pág. 56 | Navarra, 2-B | Pág. 149 | |
| | C. Valenciana, B-1b | Pág. 73 | Oviedo, 4b | Pág. 157 | |
| | Islas Baleares, 7 | Pág. 99 | País Vasco, B-2 | Pág. 165 | |
| | Islas Canarias, A-3d | Pág. 106 | | | |

| | | | | | |
|---|---|---|---|---|---|
| **CÁLCULO DE PROBABILIDADES** | Andalucía, A-3 | Pág. 10 | Galicia, Est. 1 | Pág. 90 | |
| | Andalucía, B-3 | Pág. 10 | Islas Baleares, 3 | Pág. 98 | |
| | Madrid, A-3 | Pág. 19 | La Rioja, A-1 | Pág. 117 | |
| | Madrid, B-3 | Pág. 20 | La Rioja, C-1 | Pág. 118 | |
| | Andalucía, A-3I | Pág. 32 | Madrid, A-3 | Pág. 127 | |
| | Andalucía, B-3I | Pág. 33 | Madrid, B-3 | Pág. 128 | |
| | Cantabria, 3A | Pág. 40 | Murcia, 4-1 | Pág. 138 | |
| | Cast.-La Mancha, 2-B | Pág. 48 | Murcia, 4-2 | Pág. 138 | |
| | Cast.-La Mancha, 4-A | Pág. 48 | Navarra, 3-A | Pág. 149 | |
| | Castilla y León, A-3 | Pág. 55 | Oviedo, 5 | Pág. 157 | |
| | Castilla y León, B-4 | Pág. 56 | País Vasco, C-1 | Pág. 165 | |
| | C. Valenciana, C-1 | Pág. 73 | País Vasco, C-2 | Pág. 165 | |
| | C. Valenciana, C-2 | Pág. 73 | Zaragoza, C-1 | Pág. 173 | |
| | Extremadura, B-3 | Pág. 83 | | | |

| | | | | |
|---|---|---|---|---|
| **DISTRIBUCIONES DE PROBABILIDAD** | Andalucía, A-4 | Pág. 10 | Islas Canarias, A-2b | Pág. 105 |
| | Andalucía, B-4 | Pág. 11 | Islas Canarias, B-1 | Pág. 106 |
| | Madrid, A-4 | Pág. 19 | Islas Canarias, B-2 | Pág. 106 |
| | Madrid, B-4 | Pág. 20 | Islas Canarias, B-3b | Pág. 107 |
| | Andalucía, A-3II | Pág. 32 | La Rioja, C-2 | Pág. 119 |
| | Andalucía, B-3II | Pág. 33 | Madrid, A-4 | Pág. 127 |
| | Cantabria, 3B | Pág. 40 | Madrid, B-4 | Pág. 128 |
| | Cast.-La Mancha, 4-B | Pág. 48 | Murcia, 5-2 | Pág. 139 |
| | Castilla y León, A-4 | Pág. 56 | Navarra, 3-B | Pág. 149 |
| | Castilla y León, B-3 | Pág. 56 | Oviedo, 6b | Pág. 157 |
| | Galicia, Est. 2 | Pág. 90 | País Vasco, D-1 | Pág. 165 |
| | Islas Baleares, 4 | Pág. 98 | País Vasco, D-2a | Pág. 165 |
| | Islas Baleares, 8 | Pág. 99 | Zaragoza, C-2 | Pág. 173 |
| | Islas Canarias, A-1b | Pág. 105 | | |

| | | | | |
|---|---|---|---|---|
| **TEST DE HIPÓTESIS** | Extremadura, A-3 | Pág. 83 | Murcia, 5-1 | Pág. 139 |
| | Islas Canarias, A-1a | Pág. 105 | Oviedo, 6a | Pág. 157 |
| | Islas Canarias, A-2a | Pág. 105 | País Vasco, D-2b | Pág. 165 |
| | Islas Canarias, B-3a | Pág. 107 | | |

# ÍNDICE

# ÍNDICE

Prólogo ................................................... 4

Modelos de 2010

    Prueba 1: Andalucía .................................... 9

    Prueba 2: Madrid ...................................... 18

Pruebas de 2009

    Prueba 1: Andalucía .................................... 31

    Prueba 2: Cantabria .................................... 39

    Prueba 3: Castilla-La Mancha ........................... 47

    Prueba 4: Castilla y León .............................. 55

    Prueba 5: Cataluña ..................................... 64

    Prueba 6: Comunidad Valenciana ........................ 72

    Prueba 7: Extremadura ................................. 82

    Prueba 8: Galicia ...................................... 88

    Prueba 9: Islas Baleares ................................ 98

    Prueba 10: Islas Canarias ............................... 105

    Prueba 11: La Rioja .................................... 117

    Prueba 12: Madrid ..................................... 126

    Prueba 13: Murcia ..................................... 137

    Prueba 14: Navarra .................................... 148

    Prueba 15: Oviedo ..................................... 156

    Prueba 16: País Vasco .................................. 164

    Prueba 17: Zaragoza ................................... 172

Tabla de la distribución normal ............................. 179

Clasificación del contenido por materias ..................... 183

© Del texto: Ana Isabel Busto Caballero, 2010.
© Del conjunto de esta edición: GRUPO ANAYA, S.A., 2010 - Juan Ignacio Luca de Tena, 15
28027 Madrid - ISBN: 978-84-667-8738-3.

Reservados todos los derechos. El contenido de esta obra está protegido por la Ley, que establece penas de prisión y/o multas, además de las correspondientes indemnizaciones por daños y perjuicios, para quienes reprodujeren, plagiaren, distribuyeren o comunicaren públicamente, en todo o en parte, una obra literaria, artística o científica, o su transformación, interpretación o ejecución artística fijada en cualquier tipo de soporte o comunicada a través de cualquier medio, sin la preceptiva autorización.

Depósito Legal: M-584-2010
Imprime: RODESA

ET011501/1E1I - 8480043